白领理财日记之

玩转钱规则

MSN理财　主编

東方出版社

推荐序 我们为什么要投资

说投资前，我想先讲一个故事。对于胡适大家不陌生，但是对于他因不善理财而导致晚年生活窘迫的故事却未必都知道。

想当初青壮年时期，他生活在上流社会，身为著名学者、教育家、外交家，收入丰厚。在1917年，留学回国后任北京大学教授，月薪280银元，有人测算折合现今人民币大概是11000多元。后来，随着他著作的陆续面世，稿酬更为丰厚，每月能够赚取1500银元。此时的胡适家宅宽敞，雇着6个佣人。但是胡适对于金钱却缺乏规划，有多少用多少，没有任何积蓄，更不用谈投资。1937年抗日战争爆发后，他步入中年，生活开始日渐拮据，且这种窘境伴随了他的后半生。当进入暮年时，胡适每次生病住院医药费告急，总是坚持提前出院。晚年的时候，他告诫弟子唐德刚："年轻的时候，要注意多留点积蓄。"这句话，是多么的发人深省呀！

胡适除了留下等身的著作，还用一生来告诉我们：未雨绸缪，才能够从容面对生活。

现在再来说说投资的话题。有很多朋友问我，为什么要投资？在回答这个问题之前我会反问一句："你买房子、养孩子、养老钱从哪里来？"当然如果你是富二代这个问题你可以不考虑，但是作为普通人，我们需要准备足够的钱去面对未来可能发生的事情和困难。

遵循规律做规划

理财理的是资产，规划的是生活。未来无法预知，但我们却可以规划未来。从此刻开始我们就应该清晰地意识到，我们能够去做想做的事，能够得到想得到的东西，能够去想要去的地方……只要你去计划它。有了规划也就有了努力的方向。

看看我们这一生，当我们还是呱呱坠地的婴儿，父母开始为我们支出，一直延续到大学毕业，这之前我们几乎是没有收入。当我们步入社会，收入不断提高，渐渐达到收入顶峰的时候，我们还要面临结婚、生子、买房子，还要照顾日渐老去的父母。而到了退休以后，我们的收入会不断减少，但支出却不断上升。更可怕的是，伴随我们一生的还有那甩也甩不掉的通胀。

想到这些，我们不免要问，面对这些要如何做规划？

还记得前面讲的胡适的故事吧，他最大的失误就是当他收入高于支出的工作期间，没有为将来做好准备，没有将多余的钱规划到未来的生活中。而对于我们来说，如何用好多余的钱会关乎到未来生活。

为什么要定投基金？

说到投资，我们最先想到的可能是股市，不过看到下面的数据你未必有勇气投身“股海”：从2001年6月14日的2245点到2011年12月14日的2240点，10年光景，上证综指回到原点。这10年，到底普通投资者赚了多少钱无法统计，但我们看到，上市公司从投资者身上拿走的钱，远远超出他们给投资者的回报。仅以2010年为例，沪深股市融资近万亿，分红只有

3432亿，不及融资35%。其中，2010年创业板融资1167.5亿元，然而，二级市场投资者获得的分红却不到一个零头。

不过，同时期能够坚持长期投资的基民收益可能要好一些，据海通证券统计，从2001年6月11日到2011年12月9日，虽然股指归零，但股混基金还是给投资者带来205.27%的累计收益，年化收益率达到11.21%，不但高于同期上证综指年化0.39%收益率，也高于银行可以提供的固定收益。

其实对于我们这些普通的投资者来说，基金是种低成本的专业理财方式，不但能节省我们的时间，同时我们的资金由专业投资人员来运作，进行组合投资，通过分散风险，可以获得较稳定的收益。

不过也许你要说基金的风险也很大，好多2007年买基金的投资者还都被套着哪？那现在我们再看另外一组数据。如果两位投资者A和B，他们在同样的时间内采取不同的基金投资方式，其获得的收益情况却天壤之别。

笔者根据WIND提供的数据，选取2012年一季度的冠军华商领先企业基金进行测算，如果投资者A在沪指历史最高点6124点（2007年10月16日）当天以1.6019的价格买入该基金，选择现金分红的方式，那么截止2012年3月末，虽然过去了4年多的时间，投资者A亏损38.72%。同样时间段，如果投资者B选择同样的日期进行定投，那么坚持定投55期后，投资者B的收益率却可以达到1.76%。由此可见定投的功效。当然，如果投资者在这期间选择合适的时机进行获利了解，那么情况会更好。

定投并非只买不卖

要知道定投最大的特点就是可以平均成本，降低了进场风险。但是定投的一个重要原则“停利不停损”，却被好多人漠视。正确的投资方法应该是，在定投产生亏损时不要停止定投，在产生盈利后可以终止定投行为。

也就是说，定投并非只买不卖，股市涨跌经常会过头，中国股市作为新兴市场其系统性风险更大，特别是在基金淡化择时偏重选股的背景下，我们应该根据市场的投资价值来把握买卖时机，当市场涨到疯狂的时候应该考虑卖出而不是买入，当市场超跌使得基金投资价值显现的时候应该考虑买入而不是卖出。

定投能够成功的内在基础，即通过分批入场来摊薄成本和风险，获取市场长期上涨的收益。因此，在市场低迷的时候是定投的好时机，只有在市场低位投入了较多的资金才能在未来的上涨中分享收益。在市场缺乏赚钱效应的时候放弃定投是不理智的。

而对于适合的停利时点，台湾定投教母萧碧燕的建议我们可以参考，如果把定存当做一个参照指标，基金定投，一年获利应该是定存的5倍。以目前一年期定存利率(3.25%)计，一年的目标报酬是15%。如果定期定额投资两年，设定的目标收益就是30%，如果没有达到这个目标收益，就要耐心等待。

选择更灵活定投方式

虽然普通的基金定投能够让我们抛开选时择时的烦恼，但是国内的证券市场属于新兴市场，市场的波动比较剧烈，普通定投强调以固定金额投资，缺少灵活性。但是如果我们能够对市场未来大趋势有一个基本了解和判断，在市场相对高位时少投入，在市场相对低位时多投入，就可以通过调整让定投也具有择时功能，实现对投资金额的灵活控制。

正是发现了基金定投这样的特点，为了让定投具有择时功能，变得更加灵活，目前市场上多家基金公司开发了智能定投业务。如华商基金的智能定投业务就是根据我国证券市场特点开发的。他们通过吸取国外市场成熟GEYR策略的经验，通过判断股票风险收益和债券固定收益的相对强弱，可以帮我们判断市场所处相对位置，进而采取相应的操作策略，使定投具有在市场相对高位少投、市场相对低位多买的弹性投资特色。

而对于我们在行情下跌时停止定投，行情上涨时则追高的非理性投资策略，也可以借助科技和网络的进步，以华商基金智能定投系统作为辅助，帮我们战胜人性弱点，摒弃追涨杀跌的投机心理。

巴菲特说过："人生就像滚雪球，最重要的是发现很湿的雪和很长的坡。"投资亦如此。

华商基金

目录

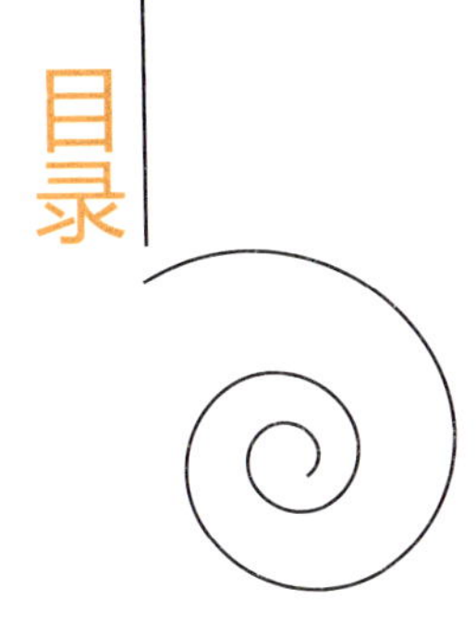

创业篇

记账篇

梦想篇

投资篇

职场篇

创业篇

80后子承父业搞收藏，小试牛刀

丨父亲的收藏

我们家很小，就60平左右，可占据家里最大位置的不是什么豪华家具，却是一个个泛黄的牛皮纸盒子和早已有了年头的樟木箱子。这里面藏着的，都是父亲穷尽一生搜集到的宝贝：各种不同版式古今中外的电影海报几百张，各个年代的小人书几百本，中外名家的绘画作品数百本，古今最具影响力的文学名著、电影百科以及各类有代表性的书籍上千部，20世纪四五十年代各位梨园泰斗、上海滩红星的黑胶唱片数百张，还有始于20世纪八九十年代的录像带、磁带等影像资料上千张。人常说书中自有黄金屋，我们是屋中满是“黄书香”，泛黄的黄，整得跟个仓库似的。闻着散发着香气的书墨味道，可以隐隐感受到岁月的流逝。从父亲出生至今，七十多年的收藏可见一斑。每次父亲翻出大大的纸盒子展示他的珍藏，都开心得像个孩子。本来就拥挤的小屋子摆满这些宝贝，人就只能蹦跳着穿来穿去，生怕踩到被他臭骂。

收藏变投资

这些东西值钱我也是最近才知道的。去年年初，我刚结婚并且马上就要生娃，可是面对工作所在地的高房价只能望眼欲穿，后来眼看郊区的房价都要破万了，只好向家里求助。父亲立马翻箱倒柜地从那些破箱子里面掏出了他的那些古董，什么玉镯子啊，瓷器啊……临了拿出几本泛黄的小人书——书背面居然印着一九五几年的字样。“整了大半辈子了，也该让它们发挥点作用了。你到网上看看，这些能卖什么价，就都归你了。”我当时真的感到意外：父亲竟然舍得卖掉这些宝贝？转瞬又觉得自己特别不孝顺，活到快三十了还要让父亲替我操心。我知道这些小书是值些钱的，可是就算卖个几百几千也解决不了问题啊。

生完了宝宝，我利用休产假的时间认真研究起了这几本小人书。先在网上普及知识，我寻找信息的网页主要有孔夫子旧书网（www.kongfz.com）和中国收藏热线（www.997788.com）。旧书网提供了很多交易平台和经验交流区，大家可以根据收藏区域的不同选择相应板块，我就通过小人书认识了不少“连友”呢。收藏热线更是收藏网站中规模最大的网站之一，里面五花八门，几乎囊括了各类收藏，我一加入就立马爱上了它，真有点相见恨晚的感觉。更重要的是，里面的搜索栏，输入任意藏品名称就会出现历史的成交价格，以及当前未成交的商品价格。这对于入门不深的交易者来说是一个非常有价值的了解市场的途径。我在里面摸索了一个星期，自己也在收藏热线中申请了一个店铺，叫“家中万卷书长”，还在孔夫子旧书网里写了很多相关文章，讲述父亲的收藏经历，以便大家对这些藏品的真实性有些了解，后又将父亲的珍藏逐个拍好照片放在交流区展示，希望能吸引志同道合的人一起交流心得。后来证明这些前期的准备工作真的很管用。

先说说我父亲给我的几本小人书和海报吧！

1. 一九五一年初版，刘继卣绘画的《鸡毛信》上下册，印刷售价：上：3,200 元（0.32 元）；下：3,400 元（0.34 元）。

2. 一九五三年七月北京初版，徐燕荪绘画的《火烧赤壁》，印刷售价：2,300 元（0.23 元）。

3. 一九五四年初版，顾炳鑫绘画的《蓝壁毯》，印刷售价：2,300 元（0.23 元）。

4. 一九六五年初版，华三川绘画的《白毛女》，印刷售价：0.32 元。

5. 一九五一年七月初版，徐燕荪绘画的《萧恩打鱼》（再版后为《打渔杀家》），印刷售价：1,500 元（0.15 元）。

6. 一九六三年十二月初版，童介眉绘画，贺友直绘封面的《红珊瑚》，印刷售价：0.42 元。

7. 一九七八年十二月二版，电影版《红日》，印刷售价：0.3 元。

8. 一九六四年十一月二版，电影版《青春之歌》，印刷售价：0.39 元。

9. 一九五三年五月初版，程十发绘画的《毕加索的和平鸽》，印刷售价：1,900 元（0.19 元）。

还有一些苏联电影连环画，就不一一列举了。需要说明的是这些小人书全部都是九五品以上的，收藏十分完好，除了个别有少许钉锈，纸张稍有变黄外，与新书基本无差别。也就是行话说的，品相相当好。这真的要感谢父亲数十年来的精心保存。没有足够的空间将它们放上书架，也没有充裕的资金购买保护套，仅仅放在牛皮纸盒子里，上下都垫上好几张报纸防潮，再加上北方的干燥气候（我的老家在北方，上学后才搬到南京），才能保存如此完好。而小人书后面的印刷价格是当时购买价格，仅作为后面卖出价格的参考。上面的1、2、3、5、9为1955年之前出版的，使用人民币旧币，旧币一万元兑换新币一元，后面为折后价格。

海报包括：

1. 五十年代国产影片，《团结起来到明天》，导演：赵明，主演：白杨等。

2. 五十年代印度影片，《流浪者》（很著名的片子），印度拉兹·卡普尔公司出品。

3. 五十年代苏联影片，《他们有祖国》，莫斯科高尔基制片厂出品，苏联著名海报绘画家沙马石的作品。

4. 四十年代国产影片，《肠断天涯》，导演：岳枫，主演：王丹凤等。

数目太多，也不一一列举了。以上海报也是保存得相当完好，几乎无任何破损。

我一直在强调品相这个词，因为在收藏中这是被第一关注的。对于藏品，如果品相相差一品，价格会相差很多，有的甚至会达到一倍。这些也都是我在后面的交易实践中领悟到的。

| 藏品转成第一桶金

其实最初的交易还是让我很是纠结的，俗话说的好，好酒不怕巷子深，更何况我前期的宣传活动已经做得够到位。《鸡毛信》这本小书在中国的拍卖史上据说创造过奇迹， 在连环画界基本上和猴票可算作一个级别的了吧。我对这本书的价值还是有所耳闻的，但是市面上的价格我却毫不知情。在卖出之前出价最高的是三万元。当那个连友报出这个价格时我都吓了一跳，那时我刚涉入此行不到一个月，所以不了解行情，父亲预期也就是一万左右吧。要知道藏品交易迈出第一步特别不容易，不了解其中的规则，也不知道如何才算可靠，当面交易不实际，网络交易又怕受骗，反正就是前怕狼后怕虎，最后酝酿了一个多月也没出手。而真正购买的连友也不是很多，他们不知道是否为赝品，怕贸然出手受到损失，真正舍得几万元买本小人书的超级铁杆粉丝全国也不是很多吧。（随着交易的深入我才发现其实有钱的人还是很多的，只是想不明白第一次交易怎么就没遇上呢!）

我每天都关注之前提过的收藏网页，终于有一天，一个更新的留言邀请我在QQ中进一步沟通。他对《鸡毛信》这本书很有兴趣，而且将他收藏的经历与我分享，还将他的身份证都扫描发过来了，感觉他更像卖家而不是我。这真是一个骨灰级的收藏家了，他的事迹在网上都能找得到，他不仅收藏了很多连环画精品，在连环画整理及再版方面也很有见地。我对这位朋友肃然起敬，视其为知己。其实，我对拍卖父亲的收藏还是很愧疚的，觉得即使卖出也要卖给真正的行家，最好是能够一直保存下去，而不是卖给二道贩子。终于到了谈价格的时候，经历了之前那么多次的谈判、失败，我有点失去信心了，所以价格开得并不高，仅仅3万，与之前某人的叫价持平。这位朋友紧接着就降到了2万，我要求再高一些，他又加了一千。我想了想，第一笔成交也不容易，于是就很爽快地答应了。对方确实很够朋友了，先付钱打到我的卡里，连运费带保费，然后我再给他快递寄出。感觉对方很相信我，这点让我也很感动。

于是，父亲的藏品《鸡毛信（上、下）》以二万一千元成交，对比六十多年前买来的价格：0.32+0.34=0.66，一共翻了21000/0.66=31818.2倍，是不是很吓人？如果按照通货膨胀水平来看这个比值，我们可以更深入的理解。

1. 50年代，50克黄金的售价是98元人民币；如今，1克黄金的售价大致是350元，涨幅为178.6倍。

2. 50年代末，父亲的工资为40元/月；如今，父亲退休后的工资为3000元/月，涨幅为75倍。

3. 50年代末，父亲住公租房，水电费连房费为9毛钱/月；如今，在老家租一个两室一厅的老房子要1000元/月，还不算水电物业费，涨幅为1111倍。（南京的二室一厅在郊区也要1500元/月）

4 50年代末，一斤带鱼价格为0.36元；如今，带鱼价格大致为20元/斤，涨幅为55.6倍。

通过对比，可以大概了解50年代的物价水平，也可以对这类绝版小人书的收藏市场有个基本的了解。其实，通过日后的几次交易我才发现，当初买《鸡毛信》的买主之所以那么殷勤，是因为我确实卖得很便宜了，具体的市值大家可以慢慢了解。

据我父亲说，这批20世纪五十年代的书都是他学生时代省吃俭用买下来的，后来有工资了，大部分钱也都用来买了书，所以到现在除了书，连套像样的房子也没买。为这事我爸妈没少吵架，我从小就是在这种吵吵闹闹外加拥挤的环境中长大的，不过我们绝对是正宗的书香门第，我老父亲可是大学的教授呢！

后面的小人书交易就简单多了，从无到有的转变是巨大的，但是迈过了这个坎，我对收藏也渐渐有了点感悟。20世纪五十年代的名家绘画单本，品相不错卖个一万左右是不成问题的，基本原则是国内题材的比国外题材的要贵，绘画版的比电影版的要贵，如果可以凑成一个系列的，其中发行量较少的单本较贵，如果能有名家，或者即使是一般绘者的手绘原稿，那价格可就是几十、几百倍的往上翻了。据说，程十发老先生的《召树屯和喃诺娜》原稿2005年曾以1100万人民币成拍。国内响当当的名家也不是很多，除了上面提到的，早些年的还有赵宏本、沈曼云、钱笑呆、陈光镒（并称民国时期的“四大名旦”）。父亲偷偷告诉我，其实我看到的只是他收藏品的冰山一角，他人生中第一本小人书《嫦娥奔月》现在还完好保存着，五十年代初出版的徐燕荪绘画的《三打祝家庄》以及赵宏本、钱笑呆的书他都有收藏。

半年的时间，为了买房子我卖掉了父亲的五本小书和一张海报，获得将近7万元“赃款”，再加上东拼西凑，首付是够了。要是光靠卖小人书，买房子恐怕也只能是一个梦想，劳心劳力啊。而实际上我开书店的日子经常会有人打来电话询问，如果真想以此赚钱，我是可以卖出更多的，只是我一直觉得很内疚。父亲的收藏是无价的，不到万不得已，我不会把他最喜爱的东西卖掉，即使卖，也希望买主能够善待它，让它能有一个更好的归宿。收藏是一种文化，是一种境界，还记得网上曾经看到程十发老先生将自己的画作全部捐献给纪念馆，自己却两手空空离开人世。虽然我们都没有达到这种境界，但是，若仅将收藏作为一项投资，无法静心享受收藏其中的乐趣，是注定会失败的。我想，当初父亲能数十年如一日收藏如此之众，也没有想到有朝一日能卖出天价吧！

昵称：孤雪行云

年龄：28 岁

职业：某公司市场中心推广

薪水：月薪 5000 元

专家点评

连环画、海报等早已成了集藏市场的宠儿，不失为大众另类投资品种之一。并且集文化知识、艺术欣赏、休闲娱乐于一身，何乐不为。本文作者有几点颇值得称道。

1. 投资、乐趣结合

既自己喜欢，能带来心理上的满足与精神上的享受，还能给自己带来不菲的收益。但最好还是须区分收藏与投资。套用凯恩斯(Keynes)的一句话，我们可以将收藏与投资的最重要区别简要概括为：收藏是购买自己喜欢的艺术品，而投资则是购买别人感兴趣的艺术品。

2. 知识储备是投资连环画取胜的必备条件

收藏玩的就是一个“难”字，图的就是一个“乐”字，能够发掘连环画、研究连环画，是连环画收藏者收藏的真谛。投资就要利用平时所积累的知识来分析它在市场上的价格走势、市场价值等，而且买进和出手都要把握到适当的时机，才能获取最大的利益。

3. 机会只给有准备的人

本文作者进行的查阅互联网、写文章交流，这些都是把握市场的具体操作方法。市场预热，即前期的宣传活动，还是很有必要的，不打没把握之战。

收藏界有句老话“收藏无早晚”，连环画的收藏从什么时候开始并不重要，重要的是要在收藏的过程中磨炼自己，增加自己的收藏知识，只要肯下工夫，都会受益匪浅。

提醒一点：注意保存方式。

纸质类物品的防护、保养工作十分重要。防火、防水、防晒、防潮、防损、防虫，一个都不能少。毕竟连环画有“品相至上”的原则。毕竟南京的天气潮湿。

点评专家：臧晓蕾

简介：建行河南省分行私人银行主管，高级经济师、会计师、工程师。全国首批获得国际金融理财师（CFP）资格认证，新加坡财富管理学院私人银行业务证书，十七年银行工作经验，十年个人理财工作经验。

从租客到房东　我的幸福我做主

我出生在北方的一个小县城，父母都是大型国企的职工。那个厂子连职工带家属有三万多人。我一直上厂里的子弟学校，后来考上上海一所学校，毕业后在南方上了一年的班，觉得没什么前途。正好T市新开一个公司，跟我的专业特别对口，成功应聘后我于2001年又回到了北方发展。

那时候跟朋友的朋友一起租房子住，碰上无良房东，燃气热水器旧到漏气也不肯换。洗澡煤气中毒还被取笑身体差，后来又有一个女孩晕倒在浴室里差点出了大事，房东才不得不找人修，拆开外壳时发现机器已经烧得变形了……房东住得很近，有事没事就过来视察，大周末一大早来敲门，我们开门不及时都会惹来白眼。后来还发展到没事就自己开门往阳台上搬个破床板啥的，还振振有词地说这是她的房子，想什么时候来就什么时候来。最终我们不得不搬走，于是她拿了我们的押金不还，还逼着我们多交大概一百块左右的水电费，直到后来闹到警察局才得以脱身。那是我这个规规矩矩的良民第一次进警局，想想都觉得委屈和尴尬。

又一次，合租的女生突然要搬走，我仓促间只能到另一个朋友那儿凑活一阵子，她住城市的东北角，我在西南城上班，每天不到七点就坐上公交，九点还不一定能赶到公司，每天的城市一日游让我整个人从心理到生理都疲惫不堪。两个星期后就再也熬不下去了。我在小广告上看到找合租的信息，就搬来跟另外4个陌生女合住进一个破败不堪的两室一厅里。我住的是三人间， 除了现买的折叠床，就只有一个挂在床头的布帘子衣柜用来放衣服，那种简陋可想而知。彼时年轻，也不觉得，反而认为有人作伴热热闹闹也不错。记得最清楚的就是我们楼层住着一帮装修工，隔着窗户能看到他们屋里挤成一团的上下铺。我们屋有个女孩每天回来都跟我们报告人家的伙食，“你们知道吗，那些民工今晚又吃肉了，每人一大盆，比我吃得好多了！”伊为了减肥每天节食，对肉味特别敏感。

后来这家房东要办出租房屋的登记手续，非让我们给她出一半的钱， 我们出也出了， 她占了便宜她卖乖地说：“有了这个证警察就不会来查你们了，你们就安全了！”我立时火冒三丈，我有户口有正经工作，不就是租你的房子住吗，这就把我当盲流啊！我拉开房门跟她说：“你去叫警察来好了， 我不怕他们查！”

这件事实实在在刺激了我一向盲目乐观的心，我开始认真思考起我的未来，第一次有了买自己房子的想法。 家里人一开始不同意，觉得一个女孩子，不该给自己压那么重的负担。我跟家里人一笔一笔地算账， 现在5个人住还要两百元房租，我不可能一辈子住这么差，自己一间屋子至少四五百元吧，省下的房租加上我六百元左右的公积金，我一个月还一千元的贷款与现在比不会有什么负担的， 关键是首付需要家里的支持 。

那时是2003年，我选的小区才2500一平米。我的房子是70平多一点的两室一厅，南北通透，总价才18.6万，还给我优惠了三千。父母被我说服，给了我5万块，又帮忙借了4万，我付了50%的首付，剩下的贷了9年，每个月只有不到一千一的贷款，完全不会影响我的日常生活。

于是在我25岁这年，终于拥有了自己的房子。在同事的帮助下，我装修加上必要的家电家具只花了两万块， 最重要的是我开始了快乐的安居生活。再也不用跟房东打交道，再也不用把东西搬来搬去， 那种轻松的踏实感觉让我由衷感到幸福。更让人意外的是自从我办完所有的买房手续后，房价就跟坐了火箭似的一天一个新高度，我在完全不自知的情况下完成了我人生第一次具有战略意义的投资。

欣喜之余，我又背着房贷上路了。这几年我努力工作，又恰逢我所在的公司快速发展期，我是最早的那一批骨干，每年都会涨一到两次工资，年底还有双薪和奖金。我不是会算计着过日子的人，但也绝不会乱花，随着收入的增长，我还清了家里帮忙借的4万首付，又很快就从月光变成略有结余，2007年我终于把银行的贷款也提前还清了。

2008年我又看上了背靠本市最有名的两所大学的一个酒店式公寓，精装修，送家电，虽然价格已经在一万以上，但考虑到靠着外环的二手房也要卖到一万出头，我觉得还是物有所值的。再次寻找亲朋好友觅来9万，再加上自己刚攒下的两万，付了首付，又贷了44万的款（40万公积金加4万商业贷款），总共55万买下了50.4平的精装小户型。充分考虑了各种因素，我把还款年限定在16年，这样一个月还3000多一点，我的公积金加上第一套房子出租的钱，除了还贷款还能剩下两三百，而且公积金贷款的利息部分可以不纳税的，我每个月又能省一百多的所得税。无非就是房子下来前的这一年多我不能出租第一套房子，稍微有点吃力而已。

2009年7月我搬进了自己的第二个家，因为是精装，只买了家具和窗帘就可以入住了。套用一句广告上的话，真的是省心省力、拎包入住哦。新家很方便，不用出楼，一至六层有健身房、美容院、超市、饭店和电影院，公交车更是四通八达，非常适合我这种懒人。而且物业非常好，24小时有人值班，连买水买电也管，电梯带门禁，楼道带监控又多出几分安全感。当然，也有不尽如人意的地方，因为是酒店式公寓，有6个客梯一个货梯再加上宽敞的走廊，公摊特别大，买了50平米，实际出房只有三十五六平的样子，但我一个人住也足够了。世上没有十全十美的事，关键看你更看重什么了。

总结一下我的买房经验：

1. 从自身的需要出发，才能抛开外界的干扰，作出自己的决定。第一套房子带给我的安全感非常重要，远超过经济上带来的收益。如果你不买房的话，其实房价的涨跌跟你没有实质性的关系，无非就是你的心情会随着房价起伏。第二套房多少有些投资的成分，但决定时压力非常大。那时房子经过第一轮暴涨，有暂时性停滞，谁也说不好是继续涨还是会迎来广大专家们所说的拐点。但我换了一种思维看问题，假设你把11万首付放在银行里，每个月再往账户里存3千多一点，16年后，银行把你存的60多万和最早的11万共77万左右都还给你；另一方面，你可以免费住16年的房子或者把它租出去，还可以每个月提取你的住房公积金（考虑一下公积金是免息的，而且这16年可能的通货膨胀，你会发现公积金只在账户里和变成现金拿到手里会有多大的不同），这还不算每个月减免的个人所得税，那么你觉得哪一种方式合算呢？我不知道房子这几年会否跌，但我看好中国的经济，我相信房子在16年后一定可以从55万涨到77万，把付给银行的利息给赚出来。如果涨得更多，就是净赚了。事实上这三四年来，我的房子已经涨到了70万，这还是受小户型买者不多的影响，同时期的普通住宅涨了都不只这个比例呢，如果出租的话，别看面积小，因为地段和环境好，每个月至少能租2000元到2500元。

2. 没有十全十美的房子，就好比没有十全十美的人生，关键你要清楚自己想要的是什么。我有两个朋友，一个在北京，一个在上海，她们的能力和工资远高于我，但一直没买成房子，因为不是这里不如意就是那里不完美，眼看着存款从足够三室的首付变成两室又变成一室的，而且还有继续缩水的趋势。自己却一直支付着不菲的房租，还得隔三差五的打包搬家，那种生活可想而知吧。在这样一个物价飞涨买个馒头的工夫房子单价都能飙升500块的年代，谁敢保证自己的工资和存款的增长速度能赶超房价和物价？其实我的第一套房子靠近铁路，每天都会过几趟火车，有人就受不了那几分钟的噪音，但房子对面的垃圾山变成公园了啊，过个马路就能看到有绿地花草的地方在这个城市也不多了吧？第二套面积确实小了点，但我看中它的便利和安全性，所以也是越来越喜欢。总之, 该出手时就出手，记住，你买的不但是房子，还有一种家的感觉，顺便还可以冲抵通胀，在漫长的岁月之后说不定还能给你付养老金医药费呢。

房子说了这么多，顺便提一下我在衣食住行其他几个方面的体会。

1. 衣服。我比较偏向于在大商场买打折的品牌货，因为质量款式相对有保证，还免去了口舌之累。不过我的消费观跟不上时代，一直觉得200块的可以喜欢就买，上了300块就得考虑再三，所以以前是等到5折就可以出手了，现在得等到三折。到目前为止，我最贵的衣服和鞋子还不到7百块，虽说不是什么奢侈品牌，但作为中等商场里的牌子货，质量是绝对不成问题的，也挺符合我这个勉强算是中产的小小工薪的。淘宝是个好地方，有时我在商场看到喜欢的新款，等不及打折就会去网上搜，通常是5到6折，也是可以接受的。还有就是逛特色小店， 我曾经一口气在一家买了3条裤子，很好的棉，立体裁剪款式，独特颜色且妥帖。店主说是某商场退下来的大牌，才80块一条，不到2折，但这种机会可遇不可求，所以要多开发几间店， 跟店主搞好关系， 好让她们一有新货好货就第一时间通知你。得益于我独到的眼光和强大的搜货能力，很多衣服我会穿六七年，甚至十年的。重新搭配一下，偶而还是会有人问哪里买的多少钱之类的，这个时候不是不得意的!

2. 日常饮食。吃的方面我比较随意，一般想吃什么就买什么，因为觉得吃不了多少钱，没有必要委屈自己。交了男朋友之后他比较喜欢自己做，所以我们经常会自己做饭了。水果多吃应季的，对身体好还省钱。还有要多观察周边超市的定点打折消息，有的时候甚至能买到比市场上还便宜新鲜的果蔬肉呢，这规律其实还是我家厨子告诉我的呢！

3. 旅游。如果是国内的话就自助，多花点时间省钱又自由，绝对有更多的

时间看好的风景。去年我去西藏，提前两个月就在网上搜淘，结果搜到西安到拉萨的特价票，才500块。为此我先飞西安，顺便去看兵马俑，回来时也找到6折的机票。在7月底8月初的旅游旺季里，我的机票只花了不到3500元。我同去的上海同学也是从西安中转的，也是3500元左右。比我同期从上海出发先去西宁再坐火车进藏的朋友省了近2000块钱，因为她到了西宁才发现火车票根本买不到，连全价的机票都没剩几张了，这就是做功课和不做功课的天大区别 。还有一点值得一提，我回来时飞机晚点3小时，赶不上首都机场回T城的末班车，我就给航空公司打电话，他们很痛快地帮我解决了住宿问题！

4. 我爱信用卡。我有5个银行的信用卡。一张是与某商场的联名卡，两年多来各种刷卡返现和积分活动我都积极参加，光是返的现金就有六七百，积分换的商城现金抵用券又有五百块左右；另一张还是与某商场的联名卡，每个月都有短信通知各种优惠活动。办卡以来我领了一大堆雨伞、镜框、不锈钢小水壶的，而且各个质量都不错。生日还有额外的生日礼，去年居然是价值不菲的单次美容卡，我有个朋友是那家美容院的会员，算了很久以后很气愤的告诉我，就算用她的卡打过三折，这种服务也要200多块，更让她气愤的是她已经是会员了所以没有这个资格！还有一个卡是专门用来看电影的，每个周末都可以10块钱看一场非3D的电影，比很多团购的还要便宜！我还有些同事善用航空公司的会员卡累计里程换免费机票和享受升舱服务，我觉得也该好好学习一下。

5. 略有积蓄。我因为买了两套房子，加之实在不算是很白领的原因，这些年其实一直在还钱，还了外人还家人，还了个人还银行，也就这一两年才略有一点积蓄。我充分利用银行的各种服务，开通7天通知存款会比活期多一些利息，或者买理财类商品有5%的年化收益率，比我存的两三年的定期还合算。我有同学装修费都是股市出的，俺没这份胆略和魄力，不敢入市，在这个但凡像样的衬衫动辄都要以千为单位的年代里，我这种以百来计算工资怎么花的人就求个保值吧。

把找男友的精力和心思用在工作上，还愁不能升职加薪吗？有了稳定的工作，再加上妥善的理财，能满足自己最基本的生活需要，就不会仅仅因为不想再搬家就随便找个人把自己嫁了。

其实我在感情方面算是觉悟得比较晚的，一不小心就拖到了三十多。期间偶尔有不靠谱的媒人跑过来说，有个身高不到一米七，长得不好秃头离过婚但是有房有车的你见不见时，我就可以很淡定很坚定地告诉她说，还是算了吧，房子俺自己有，车子以后也可以慢慢挣。再说得直白点，我找的是Soul mate，又不是找房子和车子。正因为有了这份坚持和两套房子在物质上给我的底气，在我眼看着就要从斗战胜佛向着齐天大圣一路狂奔的时候，终于找到了那个对的人。

学会理财真很重要，因为你家里有了十斗米就不会轻易为五斗米折腰了，就更容易坚持下去找到自己真正想要的梦想和幸福。我愿意和自己动手丰衣足食的、自强自立地正在从丑小鸭往白天鹅的路上奔的所有女生共勉，努力奋斗，我们的幸福我们自己做主！

昵称：Seven

年龄：36 岁

职业：技术服务

薪水：月薪 8000 元

专家点评

女性理财——“财”女佳人将理财进行到底。

做一个现代独立自主的女性，你是一个美女、才女还不够，你还得是一个财女——高财商的女性。不仅要懂得赚钱，还要懂得理财，学会投资，为自己计划一个安全美好的未来。

先说一下买房：拥有自己的房子首先使得自己有了安定感，同时还可以向父母、家人、伴侣有个交代。买房即使是按揭，房子也属于自己；而租房的话，房子始终是别人的。这是这笔投资最成功之处。

按揭可以强制储蓄，避免了无度消费，毕竟女性的先天个性就是喜欢购物消费，辛苦赚来的钱就这样哗哗地流了出去。本文作者月供的比例控制得很好，“不能为了强制储蓄而影响当前生活品质”是标准。

按揭买房其实是以小博大，投入部分资金拥有整个产权。

买房后外租，相当于租客承担按揭。

另外，作为女性，要学会借力，避免花费过多的时间精力，例如：选择适合的理财工具。拥有两张设定了不同还款日期的信用卡，既可缓解现金消费的压力，还能增加自己在银行的信用。另外，信用卡对账单还能起到记账的作用。还要充分利用银行卡一卡多账户、自动转账等功能。

点评专家：臧晓蕾

简介：建行河南省分行私人银行主管，高级经济师、会计师、工程师。全国首批获得国际金融理财师（CFP）资格认证，新加坡财富管理学院私人银行业务证书，十七年银行工作经验，十年个人理财工作经验。

个人数字出版：99美元挖出的投资金矿

2008年9月国际金融危机全面爆发，99美元能投资什么？可以买入4克纸黄金或50克纸白银；可以买入118股万科A（000002）或者1股苹果公司（AAPL）的股票……看着这些脆弱的数字，主妇泪奔了。回想当年对危机的恐慌，对高企的房价和飞涨的物价的无奈，对缩水的银行存款的担忧，对养老保障的绝望，当时的情景历历在目。庆幸的是2008年11月那个99美元的投入，带来了主妇实体投资的第一春。这正是“山重水复疑无路，柳暗花明又一村”。

◎ 机会

2008年10月的某个晚上，老公笑嘻嘻地对主妇说：“你想出书吗？”看着主妇张大嘴巴满脸惊讶的表情，老公解释道：“今天我跟Johnny聊了一个下午，他最近研发了一个阅读软件，可以通过“应用商店”（App Store）这个平台出版电子书，我看好数字出版的前景，觉得这是个不错的机会，我们可以试试。”

那时候，自认新潮的主妇使用iPod听音乐，玩着Wii和PSP游戏，拿着一款当时流行的智能手机。从娱乐到投资，数字出版这个新兴的行业对主妇是个诱惑。

“我们需要做什么？”主妇问道。“需要注册一个开发者账号，每年支付99美元的费用，同时挑选要出版的内容。”老公说。

“好吧，我出99美元，就这么定了，相信你没错的。”说完主妇给老公来了个香吻，那一刻，仿佛牛顿的金苹果砸到了头上，主妇对这个即将进入的未知领域充满了幻想。

◎ 开张

2008年11月，99美元扣款成功，主妇的第一个开发者账号开通了。然而我们选择的第一本原创小说：吴虹飞的《小龙房间里的鱼》被拒绝了，理由是书中有暴力和色情描写。《小龙房间里的鱼》在中国出版超过5年，但在美国人眼里居然又黄又暴力，主妇百思不得其解。经历了短暂的沮丧，主妇和老公决定适应数字出版的游戏规则，调整了产品定位，集中上传了一批过了版权保护期的经典古书，如《庄子》、《说唐》、《诗经》、《周易》、《茶经》、《山海经》、《曾国藩家书》等，还有在海外华人读者中畅销的《毛主席语

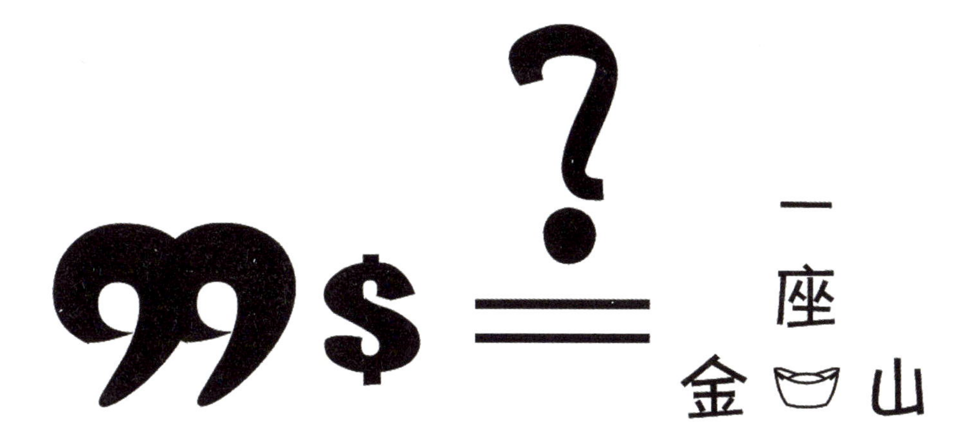

录》、《徐志摩散文集》，泰戈尔的《新月集》、《飞鸟集》，《小王子》、《安徒生童话》等优秀作品，每本以0.99美元的售价推向市场。

2009年2月，主妇的银行账户上出现了250.09美元，老公说这是我们数字出版第一个月的收入。第一笔投入便一次性收回了成本，还有盈余，感觉真像吃了蜜糖一样的甜。

◎ 爆发

2009年是爆发的一年，据美国Strategy Analytics报告显示，全球智能手机2009年销量创纪录地高达1.738亿部，比2008年增长15%。而那一年主妇的数字出版收入达到了6位数，相比第一个月的收入增长了400倍。多么不可思议的天文数字呀！

智能手机的数字出版给主妇带来了福音。所谓的“智能手机”（Smart Phone）就是可以随意安装和卸载应用软件的手机，就像一台普通电脑。于是，智能手机用户越多，对手机软件内容的需求量也就越大。当时应用商店的中文资源匮乏，那阵子上什么书都好卖。尽管如此，2009年初老公与一些出版社、时尚集团交流时，他们还不知道啥是数字出版。

那一年，主妇与提供阅读软件的朋友达成了协议，将开发账户上的收入及前期所有上传的书籍作为投资，折算成现金为软件付费，一次性买断了这个阅读软件，开始“第二次创业”。

从99美元到6位数的销售收入，在数字出版这个行业，重要的不是资金的投入，而是对市场的判断，是独到的眼光，是坚持。

◎ 精品

由于书籍类的应用开发相对简单，2009年开始书籍逐渐成为应用商店中数量仅次于游戏的一个重要类别。个人和企业开发者也蜂拥而至，大家都想分到一口手机应用的蛋糕。门槛最低的古书遍地都是，出版质量参差不齐。

2009年底到2010年，主妇和老公改变了市场策略，减少古书的编辑上传，集中力量签约国内写手，出版第一手原创正版书籍。其中第一本原创营养书《顶尖营养师》一炮而红，光是这本营养学的书一年便带来1000美元的利润进账。乘胜追击，我们编辑和出版了一系列营养、健康、美容的电子书，这些内容带来了不俗的业绩。

在软件市场推广方面，采用免费码促销，产品更新、内嵌广告和排名等方式方法，摸准市场脉搏，打了一场漂亮的营销战役。

◎ 更新

2010年底到2011年，一些知名出版社纷纷找上门来咨询、合作。这个时期我们也陆续上传了一些电影、音乐和时尚杂志，摸索电子杂志的出版模式。可惜由于对平板电脑这个新载体的了解不够充分，杂志的互动性不强，导致这部分产品销售不佳。这次失败的经验让我们体会到产品的功能很重要，而不是简单的杂志排版问题。

与此同时，我们发现在阅读市场里，男性用户占到总数的54.76%，但从付费转化上看，男性用户的转化率仅有女性用户的66.31%，这也凸显了男女在阅读消费观念上的差异性，女性更容易为阅读付费。

于是主妇利用业余时间主编了一系列女性题材的电子书，如健康、养生、护肤、理财、育儿、奢侈品等专题，从最初的15天完成一个内容，到3天交稿，付出的时间折成了美元收入，而美元又变成了主妇脸上的美容品、手上拎着的奢侈品。主妇深深体会到“时间就是金钱，知识改变命运”。

◎ 咨询

跨入2012年，主妇和老公又有了新的目标。我们在与传统出版社合作的基础上，对移动数字出版流程进行全新的改造，编辑从开始策划，美工，到最后成品，都需要这套新的流程和工具。

此外，经历了将近4年在数字出版行业的摸爬滚打，老公撰写了名为《移动数字出版实战》的文稿，将丰富的数字出版经验编成教程，为即将进入和已经进入这个行业的从业人员提供一条龙的咨询服务。

主妇也在着手整理资料，与老公的小团队联手打造一个女性知识平台，通过这个平台让更多的知识女性加入到“自媒体”的行列，把对文字的爱好，某种兴趣或特长转化成“金钱与自信”，复制主妇的成功并不难。

我们不停地告诉新入行者：

1. 根据中国新闻出版研究院发布的《2010—2011年中国数字出版年度报告》，2010年数字出版产业总体收入达到1051亿元，是2006年的5倍，年增速为49.73%。数字出版发展迅猛，大有可为，这也说明了数字出版已经成为作者、出版社、技术服务商和读者的共同选择，形成了一个良好的生态圈。从模式上来讲，移动数字出版为出版商、作者找到一条数字时代可盈利的出路，无论是销售收入分成，还是广告盈利分成。这是一个双赢的模式。

2. 在这个销售平台上，一个小团队甚至是个人做出的产品，可能比一个著名杂志的下载量还高，这是个产生奇迹的魔术世界。其实道理很简单，因为个人或者小团队更清楚移动用户需要什么，行动更迅速。也就是说你或者你的小团队只要投入100万，甚至更少，就能跟几千万收入的大集团比拼。

3. 内容供应商，无论是个人还是企业，都可以在这个平台上更大幅度地发挥内容的价值，发挥出版的自由，成为真正的“自媒体”。

回首过去的3 年，主妇庆幸没有将时间和金钱耗费在股票、房产及其他金融产品中，没有被金融危机吓倒，而是抓准时机，选择了一个新兴行业的实体投资。从开户的99美元到买断程序的果断投资，虽然投入不大，但产出不小。

幸运之神总是眷顾有准备的人，主妇在数字出版的领域成为第一批吃螃蟹的人，从中尝到了甜头。通过这个投资经验，主妇坚信时间、知识和智慧也可以成为投资的资本。“一切皆有可能！”

昵称：主妇加油站

年龄：70 后

职业：某航空公司经理

薪水：年薪 12 万元

专家点评

一次小小的尝试就有如此的回报，可见眼光是非常重要的。随着中国经济的发展，创业在众多人眼中成了一件难以企及的事情。大多数人都认为创业已经从资金运作走到了资本运作的境界。想创业，没有几十万甚至几百万根本不可能，故事中的“夫妇”二人给我们上了完美的一课。新时期创业一定要有新的思路，新的尝试，敢于接触新鲜事物。在新兴技术平台上创业，是比传统创业模式投入少、机会大的创业行为。“知识就是力量，创新就是生产力”这句话是永恒的真理。回想起来，20 世纪 90 年代初的下海，

21 世纪初的网络，2007 年的股票，每一次机遇对当时的人们来说都是新的尝试。这些机遇有一个共同点，即“小投入大回报”。如果你在为创业资本发愁的时候，不妨换换思路，也许一个崭新理念就足以让你飞黄腾达。

点评专家：郑征

简介：交通银行深圳分行南山支行个人金融业务客户经理。拥有 CFP、AFP、证券从业资格、保险从业资格等。目前管理客户的资产总规模为 1.34 亿元。

奋斗在二十有几

我是个87MM，因为单身，所以是一人吃饱全家不饿，也因为一个人，当然时间比较自由，时间多了，想法就自然多了，我一直认为20来岁，是个奋斗的年纪，不可以虚度光阴，除了上上班，还能做点其他事情。

况且我是个典型的月光，月初逍遥，月中萧条，月末吃面条。哈哈……这是全公司都知晓的，虽然在论坛上学习了N久，还是没能改变吃面条的现状，但是时间在缩短。于是乎节流不成，那得开源，既然上班的收入不能满足我了，就得另外再找条路子。

于是乎，我就脑袋瓜转啊转，把大学里曾捣腾过的都搜索了一遍：

校园代理：这个使远离校园的我很伤感，虽然我还在做驾校代理，介绍一个同学，有一定的收入哦，我又招了个小学弟帮我招生，给他一定的提成，一个月下来，通讯费不用愁了，不过这个太没保证了。

开店：大学期间，曾跟几个学长合伙开过干海鲜店，属于城区黄金地段，生意还不错，后来因为大家相继离开所在的城市而转让，如今那里是家鲜花店。

驾校：有个朋友开了一家，挂在正式的驾校里，每报一个学员，给一定比例的费用，就跟外贸出口代理差不多，不过，这个我没经验。

综合分析以上的情况，加上自己上班，没有太多的时间管理，最后毅然决定开店，而且要加盟，加盟虽然需要一定的费用，但是这可以节省我很多人力跟物力，选好项目，经营范围就成了重要问题。

经过两个月时间的考察，走访市场和分析调查，最终选择了休闲食品。食品是个消费品，更新快，而且投资相对较小，人均消费不高，适应消费群体相对较大，是个老少皆宜的快消品。当然加盟店的选择十分重要，对于这点，我几乎把所有看到过、网上出现频率较高的休闲店都比较了一遍，跑店铺，买改品牌旗下的食品，还有店内物品陈列等，那段时间，稍有空闲，就往外奔。现在终于锁定了2家，一家总部在上海，另外一家在杭州。这里就不说名字了。

选择休闲食品得考虑以下几方面：

1. 消费群体定位：针对的是女性朋友，尤其是20～40岁的，20岁档的，自己有能力消费，也喜欢这类食品，成家女人一般是买给家里的孩子和准备自己上班期间的零食。还有一个大的消费主体，那就是在校大学生，他们有固定的零花钱收入，没有负担，也没有经历过赚钱的艰辛，而且空余时间多，因而消费的机会就更大。

2. 地铺选址：首先得考虑高教园区，那里高校云集。千万不要选在工业园区，虽然热流量大，但是他们的主要消费场所是菜场。入住率较高的小区，也是可以考虑的。关于店铺位置的选择，这是个最重要的问题，其中的艰辛，只有经历过了的人，才能体验，而且真的是当你想租店面的时候，才知道，这店铺真是太火爆了，你不要，别人马上就会付定金了，一点还价余地都没有，况且，我选的是学校门口，那可真是黄金宝地啊。一张“店铺转让”的贴纸，每天来询问的人应该不会少于5人次。而且这地方根本找不到出租的店面，没办法，只能付转让费。

3. 店面租金：转让的店铺一般比较贵，但是这个一般都稍有装修，不过一般黄金地段是没有出租店铺的。而且最好选择相近的行业，不然装修完全用不上，还得找人来拆。

这里再说一下我选择的加盟店投资项目：

加盟投资表

（以下数据仅供参考，具体数据根据店面实际面积计算）

投资预算	
店铺租用租金（三年以上）	我的是转让来的，租金 3.6 万，转让费 5 万
商标使用费（单店）	这个要比较过
管理费、品牌宣传费及店长培训费	这个也要比较过
品牌使用保证金（无违规退还）	这个要看合同，具体有什么规定
装修费	加盟店提供图纸的，按当地的人工材料费
电子称扫描器	要比较
专柜、收银台	要比较
首批进货	一般 10000 ~ 40000
预算总额	包括租金 共预计 12 万（不含装修）

来个后话，当时我在选择的时候，有一家加盟店，网络上挺火的，于是我找了加盟客服了解情况并要求看实体店，客服告诉他们在本市的几家加盟店，其中一家就在我家附近，当晚我就跑去看了，结果，华丽丽的就是一公园，按客服给的地址没有找到这家店，只找到个文化公园，第二天当我把疑问告诉客服的时候，她回说：哦，你可以到另外一家店去看看。客服给我的另一家的地址远着呢，在另一个区，从我这里出发还得穿越两个区，于是我果断放弃了这家店。虽然这家店的加盟费什么的都比较能接受，但是万一上当可来不及了。也许考察总部也能发现问题，不过花那么多精力也不值得了。

开店的资金：

大家都知道了，我是个十足的月光，所以资金是我的大问题，我是找几个要好的朋友借的，分享下我的借钱开场白：“如果、我说如果，我现在想开个小店，你能借我些钱不？”也许人品不错，朋友那里筹到了5万。当然向朋友借钱，我有我的想法，之前我在学校的时候就合伙开过店，那些钱大多是借来的，这次我开店，有个之前的债主，主动借我2万。要想朋友长期做，饭要吃、礼要送、利息要给。朋友借你钱，是凭着你的诚信度，事实上人家也是在赌博，谁知道你会不会还，讲的就是个信誉。所以还钱一定要及时，当然了，中间时不时要提醒一句：“欠你这么久，我都不好意思了。”让人家知道，你还记得欠他钱。有了还款能力，马上还款，还要多出一定钱，当做利息，本来

人家这个钱放在银行就有利息拿的，还稳妥，然后再将水果提一些去，一起吃个饭，表示最诚意的感谢。这些呢，朋友看在眼里，都记得的，下次有困难找他，能帮忙的他一定会帮忙。

接下来就是装修，这是个苦差事，而且对我来说资金也已经吃不消了，是最困难的时期了，黎明前的黑暗。我上班的单位离店铺比较远，公交的话要45分钟，而且不能一辆直达。那段时间，一到6点，我就收拾行李，搭同事的便车一段路，然后再乘公交到校门口，看看当天的装修进度，这是每天在烧钱啊，一天不来看心里都不踏实啊。

终于到了5月10日，我的店开业了，前3天试营业，基本都是在招揽客流量，不过这是在做广告，这个我舍得投资。开业之前还请了2个学生，兼职发传单，每天中午和下午吃饭的时候，在校门口发的，连续发了3天，每天1小时，每人每小时10元，我自己则在店门口发，除了来了几个朋友帮忙，我还请了个店员帮我看店。所发的每张宣传单上有5元抵扣券，满9.9元就可以使用，其实这是在亏钱的，做过学生生意的都知道，学生时间比较多，不会存货的。试营业期间办会员卡的，还可以打8.8折，平时是9.5折。第一天，人流量很多，纸袋子也用了很多，都是小号的，营业额也有700多元，很是欣慰，跟朋友出去搓了一顿，不过不是花店里的钱，是我另外拿出来的。之后两天，生意也差不多，前3天的销售额还可以，但是不能算利润，加上人员和店租，估计还是得亏本。

正式营业之后，生意还可以，因为学生的消费水平和习惯，不太会有太大的变动，一般周日下午和周三下午的生意比较好。关于管理这块，我刚开始一个礼拜会去3～4次，现在基本1～2次了，店员每天会把营业额存到指定的账号，库存是按进货批次盘的，因为进货是我自己打电话过去订的，每箱的重量都是固定的，即使稍有偏差，也不会太离谱，每次盘货，只要把进货数量和店员的销售单数量对起来就可以了，售价是统一的，那营业额就八九不离十了，当然损耗还是有的，有的食品漏气了或者怎么样就不能销售了。

也许缺乏经验，时间选的不对，生意刚刚有点起色了，就到暑假了，学生一回家，就没什么生意了。当时我很纠结，是继续营业呢还是也放暑假？如果关门，请来的店员下半年不一定会来上班，除非这两个月也付她工资，而且还要亏租金。如果继续营业，水电和店员的工资都是花销，而且营业额估计还不足以支付这些费用。经过斟酌，还是选择了继续营业，因为当初有个朋友告诉我，夏天火锅店也照样营业。当然了，暑假的营业额真的不太敢恭维，但是做生意不能总想着赚钱，给人方便也是一种广告，记得一个周日，是我在看店的，全天的营业额只有60～70元。

不管怎么样，我的店铺已经在正常运转了，相信会越来越好，希望早日回本。最近我又在捣腾开个美甲店，这个投资少，利润不知道如何，当然还是兼职的，我觉得全职自己做，需要很大的勇气，目前我还做不到。

昵称：空了的左手
年龄：25岁
职业：外贸
薪水：月薪5000元

专家点评

创业选择项目是关键，开加盟店正好可以弥补经验不足的劣势，本文作者根据自己的经历、经验对市场进行了充分的调研，选择了某加盟店，还是可圈可点的。

在开店前期，有些基础工作是必须要做的：

1. 要选择自己比较熟悉或者有兴趣的行业，或选择与亲属、朋友从事的行业相关或相近的项目。

2. 要进行详细的市场调查——包括是否有充足的竞争力、经营特色、消费文化及特性。

3. 要慎重选址等，对于开店来说，地点为王。

基础工作做充分才能最大限度降低或避免风险，早日实现投资赢利。

有两点需要提醒：

1. 关注地点的选择是否需要调整，主要看消费受众的情况。包括：平常、假日及昼夜往来人次变化、男女老少比例、消费习惯、消费金额等。

对选择高教园区有一点保留，不过究竟是何休闲食品并未明确，也许适合学生一族？

2. 日常经营模式的细节：经营小店说难也难，说容易也容易。特色和亲情是制胜法宝。

点评专家：臧晓蕾

简介：建行河南省分行私人银行主管，高级经济师、会计师、工程师。全国首批获得国际金融理财师（CFP）资格认证，新加坡财富管理学院私人银行业务证书，十七年银行工作经验，十年个人理财工作经验。

网中淘出了一条路

身边认识的人一个个开起了网店，有兼职的，也有专职的。对于电脑知识属于小白级别的我，看着一个个网店成功的案例，徒有羡慕，从来就没有想过自己有一天也会开网店。但现实是残酷的，现在满大街的硕士、博士尚且找工作困难，对于我一个中专文凭的人来说就更别提了。

寄出去的求职信，现在还不知道在哪里漂着！我只能自己在出租屋子里怨天尤人，为什么就没有伯乐识我这只千里马呢？人以食为天，我总要吃饭的吧，又不能天天指望向父母伸手要钱，到最后落个啃老的“美名”。看看口袋里的钱，一天比一天薄，心中只有一个字，急。

就在这危机时刻，一个死党同情我，介绍一个已经算骨灰级的开网店的朋友教我经营网店，看看网店可不可以先帮我用最少的钱来赚点生活费吧！唉，至少稀饭中也应该有少许的青菜啊，不然会营养不良。

我笨鸟先飞，为了让教的人有信心教，也怕辜负了死党的一番好意，我拼命地去了解淘宝里面的一些规则，通过不断学习提高自己的认知水平。

终于，有一天我也去注册了个网店，刚开始免费开店的时候，心里还很得意，还不是和注册个Q号、邮箱一样的吗？原来开网店这么容易，还用得着别人教吗？哪知道还不到半分钟，问题就一个个出来了，先是写身份证，粗心大意，竟然写错了号码！接下来的支付宝可把我最后一点点的聪明指数给彻底粉碎了，最后七手八脚的总算把问题一个个解决了。我的网店也就这样光荣诞生了。

正打算放手大干一番时，一家“慧眼识英雄”的公司向我伸出了橄榄枝——行政助理，工资每月2800元。面对稳定的工作，饥饿中的“英雄”——我开始有点左右摇摆了，是该安安份份地接受一份工作，还是开网店？没网店时，还天天像无头苍蝇一样到处找工作，而如今又开始担心专职网店，如果网店没赚到钱，不仅浪费时间，还可能会失去好不容易得到的工作。但接受一个月2800元的工作，却不敢保证能做多久，会不会被炒。在权衡利弊之下，我决定先接受这2800元的职位，先稳定下来饱肚子再说。

做了一个月助理，我发现其实这个工作挺闲的，每天只要接电话，跑跑腿，一般到了下午都没啥事了，此时我又萌生了不如兼职开个网店的想法。

网店要卖什么了？

每天要上班，肯定没办法自己送货。起初本来想卖虚拟电话费，先赚个信誉，但一打听卖虚拟之前先买个软件就要300元，客人每充100元的话费，才有1块钱的利润，等于就是客人要在我这里充30000元钱的话费，我才能收回成本，之后才是利润。网店竞争大，新手为了图个信誉，本来已经薄利的虚拟充值，往往都会自己又压低利润，常常是150元才有1块钱的利润，或者更低。这样虽然赚信誉很快，但赚钱太慢了，于是我直接放弃了卖虚拟的构想。

对于流行我又不怎么了解，于是听朋友的建议到网上找代销，这样如果客人买货，他们也可以帮我发货，于是我就付了50元代理费，申请了一个早教系列做了代销，厂家给我的利润是产品价钱的14%，这样相对虚拟赢利性好一些。以为一切会顺顺利利了，但旺旺开了近两个星期了还没有响过，打听后才知道，一我没做推广，二我的信誉太低，客人根本不理我，但此时支付宝的钱却少了500元了，唉！网上流传过这样一句话真的不假，开了支付宝，生活真潦倒，再卖就剁手，谁也别拦我！网店没赚反赔了！

为了不让网店胎死腹中，我决定要多花些时间去做推广，可做广告是个花钱不见底的无底洞啊，再则自己本身也没钱去做广告。偶然中我看到了淘客推广，就是设佣金让帮推广的人有佣金赚，看到这我豁然开朗，既然有佣金，那么一定做足了推广。既然这样，我何不直接把别人的商品放在自己的网店去卖，如果客人要货，我就用商家的推广链接去找他们买，这样既可赚佣金，又可省推广钱，一举两得。我当机立断，把佣金高的商品上架后，旺旺的确响了。但大部分只是来我这问问或讨价还价，却没买。我的信誉低，比如本来卖100元产品有15%佣金，为了拉拢客人，我就降低原价，大大缩小了佣金比例，可就这样算，一个月下来也只成交了五笔，一分也没赚。我发现当原商家客服非常忙时，客人就会来我这问，但问完了还是会找原商家，主要原因还是担心买到次品，毕竟我根本没信誉。

因为上架没经人家同意，我还被原商家投诉，扣了0.2分。钱没赚到，又浪费了时间，还被扣分警告，人一下像泄了气的气球，无力起来。淘宝就12分，而我这样一个月就扣了0.2分了，肯定不是长久之计。

就在万念俱灰时，我想到了淘宝客，小样的，既然放在网店中会被投诉，那我介绍别人买总可以了吧！看你们还投诉我不！可看着做淘客的人，都是一个个自己设网站的人来赚淘宝佣金，我犹豫了，唉，设立网站就算了，对于我这个电脑小白我连最基本的QQ空间都不怎么会弄，就别提设网站了。开始时我想到了到论坛去推广，可结果每次一发软文就被英明的论坛管理员删掉，还曾经被禁言过。我又到微博去，但我的粉丝又太少了，贴到微博上只是浪费时间而已，我想到了Q群，可我的QQ群又少得可怜，于是我另外申请了个Q，在网上找了些人多点的群，加了进去。加群也不是件容易的事，因为都是随便搜索出来的群，一则没有介绍人，二又不知道群的主题是什么，申请成功的机会少之又少。想来Q群的计划又要泡汤了。在一次偶然和朋友聊天中提到了群，我就随口问了下朋友有几个群，8个！足足是我的四倍，此时鬼主意一动，进群不是需要介绍人吗？我何不请朋友帮忙当个介绍人，就这样在朋友的介绍下，8个群我全加了，依葫芦画瓢，后来我又一个个地请Q上的朋友当介绍人，有了他们的介绍，加入他们的群容易很多，这样加起来很快就几十个群了！刚进群介绍人买东西时，有些群的管理员看到了我的广告，又或者看到我群发广告邮件，会把我踢出群！后来我就从管理员下手，私下承诺他们点好处，他们这才让我发广告。这样并非成功了，每进一个群，我都暗中了解群里人的习惯爱好，然后抓住这点，再利用些节假日，比如情人节、愚人节之类的，再到阿里妈妈上去找些适合他们的产品推广给群上的人。

我做了两个月的淘客了，虽然钱赚得不多，但现在已经是137个心级了！

昵称：lolinda

年龄：80后

职业：个体

薪水：保密

专家点评

如今的各种生活压力，使得很多白领都明白了一个道理：只靠工资是绝对不行的。但是副业也不是那么容易上手的，相比起实体创业来说，开网店时间比较灵活，也没有巨额费用支出，又有一定的捷径可循。所以越来越多的朋友投身于开网店的大军中。“只要坚持就能有收获”这是很多开网店的朋友信奉的准则。很多开网店的朋友看重的就是网店投入小，但是投入小不等于零投入！有时候网上的投入就跟网上购物一样，非常容易物美价廉。比如一个淘宝旺铺一个月 30 元，甚至说为了增加心级可以加一些互助群。付出都是非常小的，但可以节省很多的精力和时间。在网上做生意一样要计算投入产出比，时间和精力也是投入的一部分。对于网店来说，如果节省了时间成本和人力成本，其实就等同于省了钱，不要单纯以钱来衡量价值，这样会降低你能够实现的实际价值。

点评专家：郑征

简介：交通银行深圳分行南山支行个人金融业务客户经理。拥有 CFP、AFP、证券从业资格、保险从业资格等。目前管理客户的资产总规模为 1.34 亿元。

我的副业——开网店圆梦想

抬头看看，有些职员整天在办公室忙忙碌碌，走来走去，书桌上各种公文及资料堆积如山，似乎每天都有忙不完的工作，下班后要么累得半死扑在床上呼呼大睡，要么抖擞着精神去迎接丰富的夜生活。再看看自己，每天有条不紊地完成工作后，回到属于自己的百平方米的居所里，端上一杯蓝山咖啡，坐到电脑前，一边打理着网店，一边和我的好助手——表妹兰兰，谈谈当天的业绩和订单。生活就是可以如此迥异。讲到这儿，想来大家也一定猜到了我的副业便是——经营网店。通过它，我每月除了给兰兰的2500元钱，差不多会有一万多的纯收入，再加上我的工资6000元，我一个月就有了将近2万块钱。这笔钱让我在异地他乡有了一份安定的生活，异乡的夜不再那么冰冷。

我是来自湘西大山里的孩子，我的理财观念很重，这不是天生的，而是环境所迫，别的孩子会拿一元钱去买糖果，我却能把一元钱的糖果卖出去。穷人的孩子早当家，这句话一点也没错。我从小就在想怎么才能离开那个地方，到外面的世界闯一闯。当时唯一能想到的出路便是考大学，所以我十分刻苦地学习，每一分努力都让我感觉离梦想近了一点。一进入大学校园，我便兴高采烈地坐着一元的公交车，把这个繁华的城市贪婪地看了个遍，激动之余只剩下卑微与渺小，我唯有努力，才能改变现状。当时我的一个月生活费是275元，这几乎难以解决基本温饱，所以我开始接各种兼职工作，家教、促销、倒卖小饰品等，外加每年的奖学金，这样过了四年，我不但解决了温饱，还有了一笔不小的存款。

其实，我一直觉得自己是一个幸运的人。大三那年，我认识了我的初恋阿堂，当时他是金融系的研究生。他算是我人生中一位很重要的人，是他让我认识到了自己，同时激发了我对金融理财方面知识的兴趣。他会给我讲解各种各样的理财知识，拉开了我对金融世界的无限想象，我的心情无比雀跃。这为我以后的理财生活打下了坚实基础。我毕业后进入一家小公司当文员的时候，他

已经在一家大的证券公司上班了。虽说我在这个城市生活了下来，可是生活很是拮据，远远感受不到这座美丽城市的热情。2006年的一天，阿堂突然叫我买某某股票，尽管这只股票当时已经跌破历史最低价，但他说很看好它。凭着我对他的相信，我从银行取出了大学时期的那笔钱，买了2000多股股票，想不到这支股票后来真的开始回升，阿堂打理一阵时间后，帮我分几次将它抛出，最后收益相当不错，大约赚了七万多，这便成了我人生的第一桶金。

经过两年的努力，我跳槽到了一家外资企业做高级秘书。在这里，我开始了另一种生活。一次偶然的机会，我在茶水间的一本杂志上看到一篇关于“网店”的介绍，说在亚洲最大的C2C购物网站淘宝网上，每天有近900万人在“逛街”，相当于近600个家乐福或沃尔玛这样的大卖场的客流量。我忽然灵光一闪，这么好的商机，我应该抓住！在此之前，我百分之六十的钱都采取了储蓄的方式理财，百分之十的钱买了一些基金，没有太大波动。投资开网店，有本钱却没经验，所以我自学了一些相关的课程，到处汲取点滴经验。那到底开卖什么的网店呢？是否要选择网络上销路最好的产品呢？毕竟这类产品在网上拥有较多的人气值。大家都知道“女人的钱最好赚”这个永恒不变的真理，所以，女装、化妆品和饰品等这类商品是最热卖的。可是，经过一番调查后，我发现在网上这类热卖商品的店太多了，市场特别饱和，故而我又把眼光放到了相关的商品上——民族风、个性化的工艺品店。因为这对于一些喜欢各地民族风的衣服、饰品，但又不可能花费时间和精力去选购它们的人们而言，绝对是个亮点。尽管，现在民族工艺品数量极其有限且已有不少人在网上销售民族特色工艺品，但是我仍然很有信心。因为民族饰品具备的特点是其他商品无法代替的，这足以使它在琳琅满目的商品中鹤立鸡群，个性化突出，富有文化底蕴，最重要的是它具有让人远离都市的纷扰回归大自然的独有的气息。我马上花了3000元钱委托一家专业的网络公司申请了网站域名、空间，并在流量大、人潮多的网站制作了一个网页。

准备了三个月后，我终于在某某网站开了一个网店，专门卖一些有特色的民间手工艺品，例如：黎锦、银饰、筒裙、木片画、牛角雕等。试业一个月期间，访问量很少，几乎没有什么订单，这让我很有挫败感。因为我对市场和客户都很陌生，拜访客户的方式又主要局限于网络，所以信任的基础很不好建立，但也没办法。但是我马上学会正视这一现象，在网上开店，我认识到了宣传、质量、价钱、信誉与服务是至关重要的，所以我试着从这些方面去找原因，试着去创新。首先，加大宣传的力度。“宣传是散播成功未来的撒手锏”，其实网络上有许多免费的宣传手段，比如，利用论坛以及网路通信软件等，便可以达到目的。那一段时间，我除了工作，便是在网上冲浪，熟悉并利用这种网络资源来宣传自己的网店。其次，虽然在网络上购物可以足不出户便拥有心仪之物，但是同时网络购物不像逛商场，可以直观地接触到卖品。故而，一张好图片胜万言，可以说一张主体清晰、色彩真实、画面唯美的卖品图片对于一家网店来说是至关重要的“第一印象”。我找摄影棚请朋友重新拍了一系列品质较好的图片，替代之前那些自己动手拍的粗糙的图片。然后，我利用了假期，亲自去到货源地寻找好的供货商以确保质量。尤其是自己家乡湘西那边，我有几个熟人就是从事民族工艺品行业的，所以每次我进的货物都拿到了真正的出厂价，加上我采取薄利多销原则标码出售，价格便比其他网店同类型商品的价钱相对低些，当然比同类型的实体店的价钱更是便宜很多。接着，制定些优惠政策来吸引顾客：特定节假日时的买一送一政策，不但能激起顾客的购买欲望，而且也能帮助店铺在较短的时间里聚集较多的人气；准备一些实用性的赠品，例如，印有本店名称和网址的记事本、T恤或好看的民族手链等等。最后，以真诚和耐心来服务消费者，注重信誉的保证，留住回头客，同时注重网站界面的新颖等使网店从钻石一路到皇冠。一分耕耘一分收获，大约六个月后，网店经营进入了轨道，业绩有了很大的提高，此外，我一个人同时兼顾两份工作，实在是分身乏术，所以请了一位在外打工的表妹来帮忙打理网店。

通过这几年的打拼，我有了一定的积蓄。我深刻明白一个外地人要在此地安家落户，就一定要有一套属于自己的房子。心动不如行动，那一个月我到处托朋友找房看房，后来才发现，想在这个城市找到一套符合自己标准的新房子，居然最少也需要九十多万，还不包括那些杂七杂八的费用，这差不多是我当时所有的积蓄。我很快就发现这样买房的方法是不现实的，但我又必须有一套房，所以我开始把视线放到二手房的上面。很幸运，公司一个同事听说我正在找二手房子，便介绍他一朋友手中的一套公寓，说是那朋友准备移民国外，正准备把那套公寓给低价出售了。我听到后很激动，马上便和他去看房，看后很满意，虽说公寓地处偏僻了点，可是房子很新，装修的风格也很不错，只是有一点，主人要一次性结清60万，一分也不能少。我当时只想了一晚，便决定买下那套公寓，因为说实话，那套公寓按当时的房价最少也值七八十万。

有人问过我，既然网店业绩那么好，有时一个月最多能赚四五万，为什么不辞了工作专心打理网店呢？何必一人身兼两职那么累？我想说，做一位好的秘书，是我的本职，更是我的兴趣，我从工作中得到的满足感，和开网店赚钱的感觉是完全不同的，我很享受当前的生活，它让异乡的我感觉到一种幸福。现在，我在闲暇之余也会时常关注股市的变动，但从来不轻易盲目进入和尝试。此外，我还给父母买了债券基金，帮他们调剂一下乏味的生活，适当地规划未来的生活。总而言之，我觉得理财是日常生活中不可缺少的一门学问，同时需要伴随着点运气，适当地运用会给我们带来幸福和希望。

昵称：芳芳
年龄：26 岁
职业：高级文秘
薪水：月薪 6000 元

专家点评

理财只是一种手段，一种通向幸福生活的手段。如果被财富所累，那样的人生是可悲的。从这篇文中也许我们无法窥见作者实现一月四五万的网店收入的秘籍、心得。但是我们能够看出作者是位爱生活也懂得生活的女性，这和自身的经历密不可分，但也不是不能有破例。如果我们把耳边的喧嚣当旋律，把身边的纷扰当戏剧，看淡生活百态，不为钱所累，却享受财富给我们带来的快乐，那该是一件非常幸福的事情。不管如何理财，无论怎样工作，都不应该遮盖生活这一人生实际的主题。理财代表的是一种生活态度。不要有太多的功利心理，放平心态并且认真地生活，就是理财最好的诠释。

点评专家：郑征

简介：交通银行深圳分行南山支行个人金融业务客户经理。拥有 CFP、AFP、证券从业资格、保险从业资格等。目前管理客户的资产总规模为 1.34 亿元。

记账篇

70 后主妇的家庭现金规划：现金管理四重奏

80 后理财之个人体验

白领理财规划——理财记账，从预算开始

聪明的女人购物有秘诀

大龄剩女的理财碎碎经

我在异乡的账本

70后主妇的家庭现金规划：现金管理四重奏

结婚后，主妇理所当然成为了家庭“首席财务官”，掌握着家庭的经济命脉，用好每一分钱是主妇的责任。为了做好家庭理财规划，主妇阅读了若干个人理财的书籍，自学并初步掌握了理财规划的基本常识。

面对每天柴米油盐、交通、贷款、应酬、教育等等需要用到现金的方方面面，主妇根据11年的理财经验，总结出家庭现金管理的四个重要步骤。

◎第一乐章：一本随身携带的电子流水账

2012年4月流水账					
金额	类　别	账　户	日　期	项　目	商家
￥916.74	金融保险＞按揭还款	浦发信用卡（CNY）	2012年4月6日	贷款	银行
￥1120	金融保险＞保险费	浦发信用卡（CNY）	2012年4月24日	贷款	网购
￥40	食品酒水＞早午晚餐	现金（CNY）	2012年4月25日	日常开支	无
￥330	居家物业＞物业管理	现金（CNY）	2012年4月26日	日常开支	无

续表

金额	类　别	账 户	日 期	项　目	商家
￥1012.96	转账	储蓄卡→信用卡	2012年4月26日		
￥108.8	衣服饰品>衣服裤子	招行信用卡（CNY）	2012年4月27日	日常开支	网购
￥599	其他收入>经营所得	中行储蓄卡（USD）	2012年4月25日	数字出版	无
……	……	……	……	……	……

报表—分类支出

2012.4.1—2012.4.30：

医疗保健 23.56%；其他杂项 16.27%；行车交通 15.53%；居家物业 13.73%；金融保险 12.58% ……

账户

资产－负债＝结余

预算

指衣服饰品、食品酒水、医疗保健、行车交通、居家物业、学习进修、人情往来等方面的家庭消费预算。

这是主妇随身携带的一本电子流水账，每天将发生的收入和支出数据录入到一款名为“随手记专业版”的手机软件中，按金额、类别、账户、日期、项目、商家和备注等记入相关信息，软件就会分类整理出主妇家庭的收入、支出情况，清晰直观地体现家庭资金的流动性。这本流水账便于主妇实现家庭现金规划，并根据数据的变化进行实时调整。

◎第二乐章：建立家庭备用金

主妇家庭收入呈现“一国两制”状态：老公是自由职业者，收入较高但不稳定；主妇是企业雇员，有稳定但不高的工资流入，因此家庭现金流量的控制管理非常重要。

主妇夫妻俩的理财习惯较接近，都注重生活品质，同时也很有规律。主妇家庭每个月的开支主要包括医疗保健、行车交通、按揭贷款以及一些必要的消费，根据流水账统计出每个月固定支出6000元，需要准备5个月的支出共30000元作为家庭备用金。

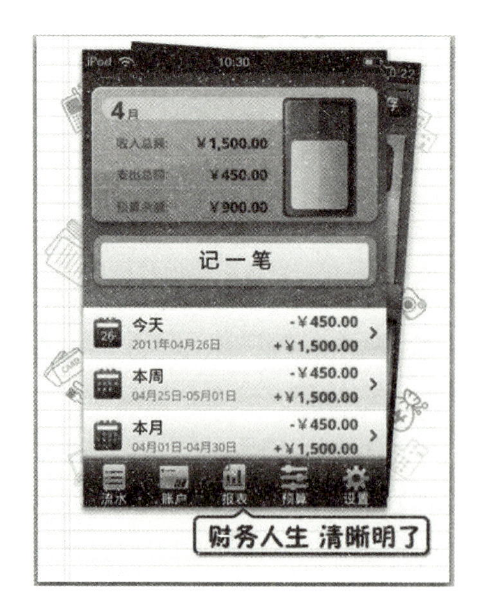

主妇将10000元放在活期存款当作第一笔家庭备用金，另外以信用卡方式向银行设定家庭备用额度20000元，即日常的大额消费通过刷信用卡来平衡收支的时间差异，尽量不占用家庭现金，用现金周转收取短期利息，再以下月的额外收入缴付信用卡。

这个家庭备用金额度的设立，即使出现以下两种情况，也可以应付自如。情况一：当月收入无法支应当月支出，10000元的活存额度可以随时挪用应急，待有收支结余时再补回。情况二：一时的大笔支出连10000元的存款余额也不够支应，此时便可用到预先设定的备用额度了。

◎第三乐章：编制与控制家庭支出预算

主妇编制家庭支出预算分4步走：

第1步：设定家庭长期财务规划目标。经过测算，得出主妇家庭每年要储蓄3万元，才能够满足退休、子女教育的中长期理财目标。

第2步：预测年度收入。主妇的收入稳定，可相当准确地预估年度收入。老公不稳定的收入就要以过去的平均收入为基准，做最好与最坏状况下的敏感度分析。

第3步：算出年度支出预算目标。即，年度收入—年储蓄目标=年度支出预算。

第4步：将年度预算细分成月度预算，划分科目，分门别类记入“随手记专业版”。

每月支出预算会根据家庭资金使用进度有明显标识，提醒主妇在食、衣、住、行、教育、娱乐方面，哪一部分的花费远高于平均比例，作为节约支出的重点控制项目，并决定下一步是通过开源或节流来增加家庭储蓄。

◎第四乐章：活用现金理财工具

家庭现金管理，离不开方便实用的理财工具。在纷繁的理财品种中，主妇日常使用的有以下5种理财方法：

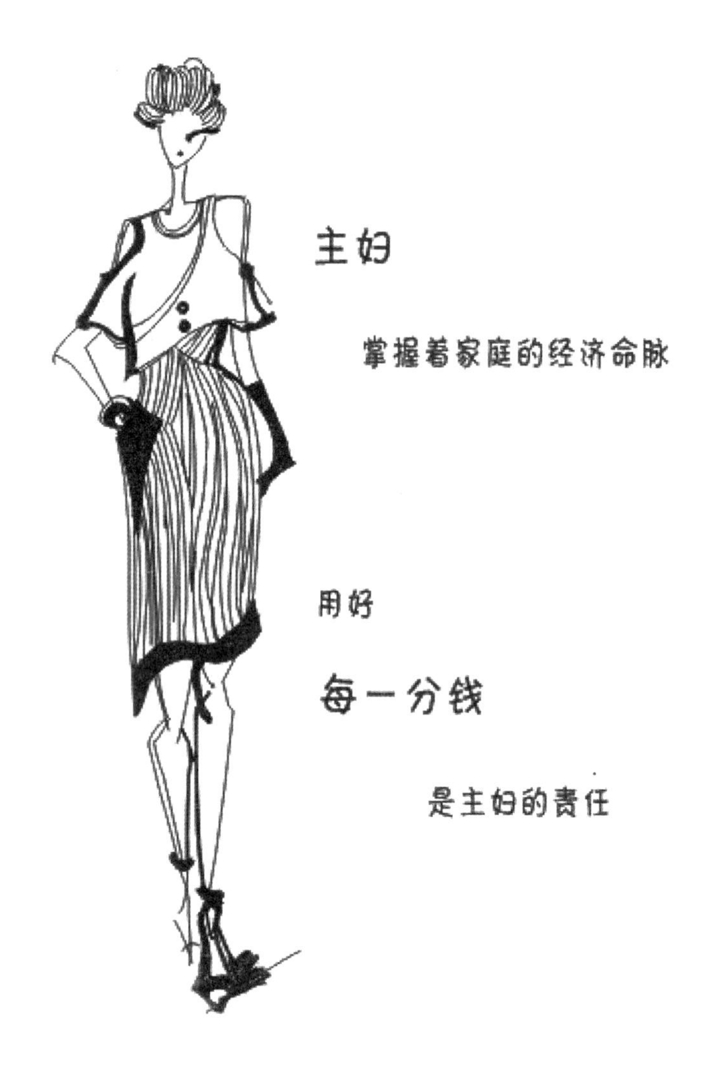

1. 银行存款

主妇开通了常用储蓄卡的网上银行服务，网上银行方便主妇实时查看银行账户信息、资金流向，并可以实现网上转账汇款、网上购物等功能。

值得注意的是，开通网上银行后，要注意保护密码等个人信息，并定期更换密码。网银转帐使用的U盾、密码卡等工具也要妥善保管，以防丢失或被盗，引起不必要的资金损失。

2. 信用卡

主妇拥有3个银行的3张信用卡，每张卡的使用额度从2万至5万不等，足够应对家庭现金急需时的支出。3张信用卡的账单日分别设在上旬、中旬、下旬。消费时选择刚过账单日的信用卡，举例来说，银行的账单日为每月6日，指定还款日为每月26日，如果当月8日消费，则免息还款期就是当月8日到下月26日，那就高达48天了。

信用卡刷卡一定要注意两点：一是消费日期，另一个就是银行账单日与还款日之间的天数。所以，家庭有3张信用卡，可以在每月不同期间刷卡消费，尽享免息还款期带来的优惠。

3. 货币基金

主妇将短期不急用的现金购买货币市场基金，因为货币型基金收益高于活期存款，又可以两天通知灵活取现，还免缴利息税，在国外，货币型基金基本上是被视为现金看待的。

每当储蓄卡里超过1万元时，主妇便通过网上银行申购货币市场基金，一般来说，申购或认购货币市场基金的最低资金量要求为1000元，追加的投资也是1000元的整数倍。

申购货币基金的前提是要对家庭资金的使用时间有清楚的预估，尤其是碰到长假，基金公司会提前几天终止申购和结算，所以要提前申购或售出货币基金，使家庭资金得到合理周转。

4. 个人通知存款

个人通知存款是一种不约定存期，支取时需提前通知银行，约定支取日期和金额方能支取的存款。个人通知存款有1天通知存款和7天通知存款两个品种，通知存款起存金额5万元。个人通知存款利率收益较活期存款高，是大额资金管理的好方式。

主妇喜欢在周末或假期前把不需急用的大额现金以通知存款的方式管理，根据假期的长短，对资金使用的大致时间的把握，选择1天或7天的方式。个人通知存款也可以在网上银行完成，免除了银行排长队办理业务的痛苦。

5. 公司债券

股市低迷，股票基金也不景气，黄金风险太大，理财产品门槛太高，主妇只好另辟财径。通过对市场分析，主妇锁定了公司债券，并选择了几款城投类债券。

活期余额超过1000元时，主妇便通过证券公司的网上操作系统购买公司债券，购买的手续费来回仅需万分之二，系统每天自动增加利息，账户日增长万分之二以上，债券年收益可达8%，可跑赢通货膨胀。

在家庭现金管理这个交响乐中，记账拉开了现金管理的序幕，是快速而充满动力的篇章；建立家庭备用金是全曲的抒情部分，是永远无法遗忘的柔情；编制与控制家庭支出预算是快速动感的舞曲乐章，象征着活跃的思维，只有敏锐的观察才能制定高效的预算方案；活用现金理财工具是全曲的高潮部分，体现着一种乐观、明朗、欢乐的情绪。

昵称：主妇加油站

年龄：70后

职业：某航空公司经理

薪水：年薪12万元

专家点评

家庭的现金管理是理财的第一步，也是基础，但许多家庭都忽略了这一步，以至于会出现消费过多、储蓄过少的现象。怎样才能在生活中做到消费支出与收入平衡呢？怎样在保持高流动性的同时提高日常生活紧急预备金的收益率呢？本案例70后主妇的现金管理经验就值得大家借鉴。

大部分的家庭都没有记账的习惯，但记账能有效控制现金流状况。主妇首先选择方便快捷又可随时随地使用的电子记账，将收入与支出预算进行实时监控，避免花了不该花的钱。其次，通过紧急金的额度准备，编制预算，灵活运用变现能力强的银行存款、信用卡、货币基金等来提高现金的收益率，真是灵活理财的典范。

现金管理就像这位70后主妇一样奏响四乐章，看似简单，但是要持之以恒，理财的第一步基础便稳固了。

点评专家：吴东璇

简介：财富管理专业人士，青少年理财教育者、全国妇联心系儿童特邀亲子理财教育专家、国际金融理财师、留英硕士。逾十年财富管理与理财教育经验，专注资产管理与投资心理。著作亲子理财童话《小淘气财商奇旅记》。

80后理财之个人体验

我是一个80后的女生，2007年从师范大学毕业至今5年时间里，在理财的这个小世界里体验着自己的点点滴滴，大学时是助学贷款，一共贷下来8000元（每年学费2100元），生活费基本是自己做兼职赚的，发过传单，做过促销、咨询等，记得那时候每天只有20～30元的劳务费。考大学选志愿别的同学看的是专业和学校，而我看的是学费的价位，因为太高我读不起，师范校的学费相对较低，并且还有国家的各项支持政策，包括助学贷款。对于家庭贫困的孩子来讲，教育绝对是一项很大的投资，其实大学是有很多时间去做自己想做的事情，如果你有自己的事业计划和未来计划，很多同学在大学这几年的时间里完全可以积攒自己的第一桶金，一来可以培养自己生存的能力，避免毕业就失业的尴尬，二来可以不虚度大学几年的光阴，当别人都在看电影、逛商场的时候，你可以为了自己的前途辛苦一些，毕业时你的内心就不是彷徨而是坚定，只要你想做，总会有收获，不管物质也好经验也罢，这样对现在的年轻人都是好的开始。接下来细数一下我的理财心得。

我于2007年7月毕业，在一家五星级酒店做销售，底薪1200元加提成（可是一直没有见到提成的银子，估计是因为时间短暂）。那时候没有理财的意识，只知道够吃够花就可以。

2007年9月到2008年5月，这大半年的时间是在原来做兼职的那家市场调研公司工作，公司给缴纳保险，但底薪很可怜，只有200元，其余都是靠自己的工作绩效定，每月工资大概在800～1200元不等。平均下来一个月1000元（想想以前好可怜的工资，基本不会给自己买什么东东）。

每月收支情况（元）：

收　入：1000

房租费：300

电话费：50

交通费：50

水电费：40

生活费：400（基本是自己做饭为主）

这样可怜的日子延续到5.12汶川大地震前夕，灾难来得很突然，没有给人任何准备的时间，那时候想到离开成都到杭州找工作，于是一个月的时间都在路上奔波，路途费用是靠爸妈支持的，现在想起来都很愧疚。后来在杭州溜达了一圈还是返回了成都原单位继续工作，且花掉了大学兼职时积攒的1000多块，以及爸妈赞助的路费。

2008年6月—2009年8月，这一年的时间都在原单位工作，工资调整过，但是收入还是极其有限，但从杭州回来后有了强制储蓄的理念，于是在建行开了一个户头，每月去存100元，学会了节约，当后来看到银行有定期存款1200元，活期有2000多元的时候，明白了一个道理："聚沙成塔，积少成多。"储蓄的习惯便由那时候养成了。分享一下体会，可能刚开始的时候，很多人都觉得这么少的钱怎么好意思去存，其实开始的时候重要的不是存钱，而是存钱习惯的养成，这个很重要。很多人都有一个潜意识的概念，觉得自己的钱不是很多，理财是有很多闲钱的时候才做的事情，其实理财理财，你不理财，财自然就不会理你，不管钱多钱少，只要你爱梳理它总会积少成多，比如留下要预存的，预算要开销的，控制要超支的，就算你不天天做账，但是心里要有个账本，要知道，高楼也不是一天就建造好的，理财也是慢慢积累经验积累财富的过程，等日子久了就会凸显出成果了，没有安排没有计划很容易做月光族，许多人发工资前半月是富人，后半月是穷人，都是因为没有合理的安排，包里有钱自然花钱就会大手大脚，等花光了再回忆钱去了哪里时已经是笔糊涂账了，所以要尽量做到收支平衡还有结余，这样生活才会安稳踏实。

从2009年9月到2010年12月，这一年我到上海工作，在朋友的公司，开始1500元工资（不包括奖金和报销），有综合社保的生活，由于住在公司，房租就省去了一大部分的开销。来上海后已经比较有计划了，知道怎么安排钱，而不是糊涂地乱花钱。虽然工资不高，但是福利比较好，发的奖金和平时的积累，总结下来我不仅还掉了银行的8000元贷款，还买了3000多元的基金和6000多元的股票，而且卡里还有3000多元的活期，过年也给爸妈寄回了2000元。刚开始我是这样安排每月的1500块基本工资的：

每月收支情况（元）：

收　　入：1500
基金定存：300
活　　期：300
生 活 费：500
每月还款：300
零 用 钱：100

2011年1月到2012年，我在上海的一家教育机构找到了属于自己的三尺讲台，每月收入有6000～8000元左右，真正踏上上人生的起点和理财的起点，如果能拿到期中和期末的进步奖，那么每年还有一万多的奖励，此外还有绩效奖和年终奖等。所以开源节流这个道理是指：在理财的道路上，节流很重要，但开源更重要（如果你不是富二代，不是中了彩票等，你就要努力提升自己的价值，提升赚钱的能力，只有这样才能真正过上想要的生活），不过这一年虽然工资是涨了不少，但是我的消费也水涨船高，衣服、护肤品、旅游是我最大的三项开销。说到这生活的“三大件”，我还想分享下自己的一些小建议，衣服要买适合自己的，并且要精挑细选，货比三家是最基本的，最主要的是宁可买一件适合自己、可能会价格不菲的，也不要买好几件便宜而不能在正式场合穿的。女孩子一般会感性消费，常常买一大堆不经常穿或者不能在正式场合穿的衣服，这样就势必会浪费很大一部分银子，我相信，女孩子的衣柜里面总会有那么几件或者更多件的衣服是从年底到年末都没有见过阳光的，是否算过这些衣服要是换成现金那是多么可乐的事情？存衣服还不如存钱呢，看着储蓄的数字你会比看到一堆不穿的衣服来得幸福哦；还有就是化妆品了，每个人的肌肤不一样，所以适用的护理品牌是因人而异的，之前的我也是一菜鸟，别人说什么什么好用我就跑去买，看到一个品牌就买一点，结果梳妆台上堆满了各家品牌不一的护肤品和化妆品，白花花的银子花了不少，皮肤还没有想象中的效果，所以要找出适合自己的护肤品，不花冤枉钱，节省下来的银子就是自己赚的；还有是旅游，为了吃遍各地美食，赏遍各色美景，我会自己组团旅游，有时候是认识的人，有时候是陌生的人，当然得在安全的前提下，最好大家都趣味相投，因为人多，吃的、玩的、住的就会便宜很多，每次人数不必多，三五个人即可，这样也不麻烦，AA制自主组团旅游是一件很快乐的事情，对于性格内向的人是结交朋友的好机会，对开朗的人来说更是一件可以呼朋唤友的好事情，大家在一起，吃着美食，谈着不同的生活故事，或去酒吧尽情地宣泄平时的压力，不会害怕因为太熟悉而打破自己平时维持的淑女形象，可以玩得淋漓尽致，又可以为自己省一笔开销，何乐而不为呢？

但是不管怎样，每月我坚持存款2000元，买基金1000元，雷打不动的，这样做的目的是为我以后的“窝”攒个首付，呵呵，虽然有点杯水车薪，但是总归是个希望。收入按8000元基本的计算，公式如下：

每月收支情况（元）：

收　入：8000

零存整取：2000

基金定存：1000

活　期：1000

生 活 费：2000

房 租 费：1000

护 肤 品：1000（有时候买衣服）

每个月发了工资我会跑一次银行，把定期（定期可以选择零存整取或整存整取）和基金先存好，然后活期是备用金，可以应急时用，把它存到一个专门的卡里面（也可以整存整取，半年期的），这样不至于把备用金和生活费混淆，或者在控制不了消费的时候挪用。银行有很多的理财产品，比如基金就有股票型基金、混合型基金、货币型基金。股票型基金风险会比其他基金大一些，但是回报也会高一些，对于保守的理财者来说买债券型和货币型的基金会相对比较安全，起伏不是很大，虽然收益率减少了，但是风险也降低了，我刚开始是买股票型和混合型两种，是招行的理财顾问建议选择的，因为这样搭配相对适合我自己的承受能力；其他还有很多短平快的理财种类，大家可以到银行咨询理财顾问，然后再安排自己的理财计划，日积月累，等你去银行看到那个日渐丰满的数目，你会觉得心里特别的踏实，接着计划下一个储蓄的计划。

现在的我坚信一句话：“你不理财，财不理你。”金钱是需要我们一点一滴积累的，一夜暴富的例子是有，但是大部分的人民群众还是多以居家过日子为主。既然都要面对柴米油盐酱醋茶，那何不动动脑子，让这些柴米油盐酱醋

茶，点滴幸福都发芽，勤奋理财，让它们都开出花来，在理财的小花园里闻着满园的花香，看着硕果累累，我坚信这样的幸福感会越来越强烈。

呵呵，这是我个人的一点小心得，希望和大家分享，祝大家在攒钱的路上快乐并富有着。

昵称：妃儿

年龄：29 岁

职业：教师

薪水：8000 元左右

专家点评

离开象牙塔，在刚工作的几年里，怎样才能做到开源节流？本案例的80后女生经历过钱花光的糟糕状况，于是懂得要攒钱的道理。当还只是职场菜鸟时，即使薪水很少，但凭着“聚沙成塔，积少成多”的信念，还是坚持把钱存起来，并养成了储蓄的习惯，这一点，值得大家学习。而且，这位女生在每次发工资的时候，先存后花的方法更是倍受推崇的做法。而储蓄的方式则依据自己的风险承受能力选择定期存款和基金的两种方式相结合，既能提高存款的收益，又不至于让自己受困于高风险的惶恐不安中，理财也理得心里踏实。

理财并不是有钱人的专利，只有理财能帮助大家早日财富丰裕。在年轻的时候练好理财的基本功——储蓄，将终身受益。

点评专家：吴东璇

简介：财富管理专业人士，青少年理财教育者、全国妇联心系儿童特邀亲子理财教育专家、国际金融理财师、留英硕士。逾十年财富管理与理财教育经验，专注资产管理与投资心理。著作亲子理财童话《小淘气财商奇旅记》。

白领理财规划——理财记账，从预算开始

投资界有一句至理名言——“不要把所有鸡蛋放在同一个篮子里”。说的是投资需要分解风险，以免孤注一掷造成巨大的损失。我的理财计划同样也是遵循这一至理名言而制定的。

大学毕业参加工作3年了，现是一家合资企业的行政助理，月入2500元，固定工资，年底双薪+奖金。公司购买五险一金，跟父母一起住自家房。所以租金水电暂时还不需要愁。有自己的理想抱负，更有自己的理财计划。

刚刚开始工作，每月工资家用尚且不足，一个月下来，不但存不到钱，而且有时候还有负资产在信用卡上。父母都是从事财务工作的，不停地给我灌输理财思想。刚开始的时候就是三天打鱼两天晒网的记记账，走个形式，所以依旧月光。

慢慢地觉得理想抱负离我越来越远了。在参加工作大约半年后，开始正式的记账，方法就是每月最后一天做下月的财务预算，然后每天坚持记账。现在就跟大家分享一下我的投资理财计划吧。

首先当然就是规划分散投资的大体方向，我要说的就是月和日的计划，计划越是详细，对自己越有帮助。当然年度计划也要有，不过一年还不是由12个月组成的，每个月还不是由30天组成的。下面就是我的月度计划（元）：

1. 投资（月支500）

2. 父母的家用（月支500）

3. 固定存款（月存500）

4. 个人开销（月支1000）

订下了这个大的理财方向，然后就要做小预算了。

1. 投资

我的预算是500元，我会再将它细分成200+300的模式。别看每个月才200~300元，小钱也一样有小钱的投资。年投入就是2400+3600的模式了。我的钱少，而且也不是什么投资理财专业户，当然投资方式也是选择最保险最低成本最方便的，所以在千挑万选之下我选择了基金定投+保险。

（1）基金定投相信很多人都不陌生吧？我觉得这是最菜鸟级、最不需要打理的一种投资方式了。到银行开个户，然后跟柜台小姐说我想基金定投，那银行就可以帮你办理了，办理完成了，每月就会固定在规定的那一天从你的账户上划走200元了。想了解的，可以去百度一下，或者到银行问问。这里需要注意几点：

①定投是使用您的闲散资金来进行的一项长线投资，让投资可以“聚沙成丘”，在不知不觉中积攒一笔不小的财富。所以定投最忌讳的就是心浮气躁，慢慢等待，总会有出人头地的一天的。

②平均投资，分散风险。资金是分期投入的，投资的成本有高有低，长期平均下来比较低，所以最大限度地分散了投资风险。

③复利效果，长期可观。“定投计划”收益为复利效应，本金所产生的利息加入本金继续衍生收益，通过利滚利，随着时间推移，复利效果越会明显。

④看完了定投的好处后，讲讲个人技巧，也就是银行的选择方面，当然

四大银行的最保险，最安全，但是我为方便起见，选择的是交通银行。原因有几点：第一，跑银行永远不需要排队，看看四大银行，每次去前面都要等待20人以上就泄气。第二，基金选择品种多。这点是网上说的，个人没有深入研究过，我想应该也是吧。为什么？看看第三点就明白了。第三，投资起点低。四大银行看到你月付才一二百元，哪里会在乎你这小客户啊，所以一般都是规定500元起付的品种四大银行才有。交通银行不同了，起点最低100元起的品种也有。所以最后决定选择了交行。

（2）说完了200元的去向，现在再说说那300元啦。我选择的是保险。没错就是那个一天到晚电话骚扰，在大街上拉着你讲解半天的业务员销售的品种。但是这真的是不可以缺少的一项投资。我跟你讲讲理由，但是我绝对不是卖保险的。

最重要的原因：保险是对你爱的人负责。有想过哪天你在外面辛辛苦苦的工作，万一有什么闪失，父母的下半辈子怎么办吗？你有社保。对，社保可以给你支付一分的医疗费，但是你万一有了性命之忧，保险却可以给你父母支付一部分费用，虽然不是心灵的弥补，最起码可以让他们有足够的资金安享晚年啊。

针对上面的原因，保险计划应该是：重大疾病保险+意外保险。这样组合的原因我想大家都明白了，不需要多解释了。不明白的可以找两个业务员详细谈谈。

2. 父母的家用

父母每月的家用，这点不用多说了，地球人都明白的。

3. 固定存款

固定存款就是每月投入银行存起来，以备不时之需使用的，我建议与工资卡分开存，然后每月只拿出来一次，就是存钱的那天。

4. 个人开销计划

个人开销计划非常重要，我的计划是每月1000元开销。

Q1：怎么花？

一定要按预算。看看我的预算吧（主要分布是交通费、餐饮费、通讯费、人情费用、购物）：

（1）餐饮方面：每月300元，一个月30天，每天10元。

（2）交通方面：每月200元，每天4元，前15次原价，就是15×4=60元（7.5天完成）。从16次起，每次打六折（地方政策，不一样的按照地方更改），每天2.4元，每月上班22天，就是(22－7)×2.4=36元。剩余200－60－36=104元，作为周六日出行交通费。

（3）通讯费：每月100元预算。都是用来扣套餐的。平时联系最多就是同事与家人，所以都入集群网的。剩下是朋友联系的话费了。

（4）人情方面：每月预算200元。主要和同事朋友吃饭聊天生日送礼，联系感情。

（5）购物方面：每月预算200元。

综上所述，每月预算就是1000元。有了以上的预算引申出的就是下个问题了。

Q2：怎样按预算花？

我说说我的某些费用是如何执行的吧：

（1）餐饮方面：预算真的少得可怜，我的计划是这样的。早餐：蜜糖水+肉包子。（蜜糖有讲究的，百花蜜最便宜，而且营养价值也不错。20元左右/斤，昆虫研究所买的，够喝一个月的那种分量的包装。肉包子/菜包子0.5元/个。当然要去些大的机关饭堂购买，食品安全也有了保证。）总计早餐就是约1元左右。午餐的方法有几种：方法一，我们公司附近有大学饭堂，我每天就是去饭堂吃的。坚持1肉1菜，每餐价格平均5元。方法二，坚持每天带饭。晚餐剩余的钱就是这么苛刻的了，只能在家煮饭吃了。

（2）人情费用：和朋友出去吃饭，我从来都是提前与朋友预约的。约好后我就会去团购。其实说真的和朋友出去，在意的不是吃什么，最重要的是联络感情，聊聊天。然后就是吃完了方便去逛逛街。所以选择地域团购，然后就是选择之前或者同事朋友曾经去过吃饭的地方。每月约会不超2次，平均就是两周/次。每次100元以内。

（3）通讯费：公开我的费用套餐，神州行大众卡。来电6元，短信10元，GPRS20元，集群网5元，共41元。剩下一个月约60元钱跟朋友联系感情。通常用不完，一般充值100元话费，就可以用2个月。

（4）购物方面：每月就是200元。我的原则是不吃零食，还可以达到减肥的效果，实在忍不住就去冲一杯蜜糖水解解馋。200元从来都是放银行，出门从来不带银行卡，避免刷卡，避免冲动消费。名牌大减价、换季再去买，实在喜欢的款式就等过两三个月存够钱了再去买。

以上就是针对我各方面开销实施的一些方法。当然这些方法背后少不了的就是——记账。如何记账呢？我只能告诉你——坚持去记账。一说到坚持，就有个很多人都有的毛病，总是忘记了记账，第二天想起来了，但是忘记了前一天用了哪些钱。这个毛病我也有。我是怎么克服这个毛病的呢？很简单，调了闹钟，每天晚上准时9点半闹，闹钟的提示就写记账啦！坚持了一段时间后，现在还没到它响我就已经记账了。

接下来我给大家推荐一款免费记账软件。就是挖财软件。大家可以去百度一下，我觉得总比你的人工记账，或者excel表格记账来的方便。

下面秀下我的2月份的消费支出统计，清晰明了：

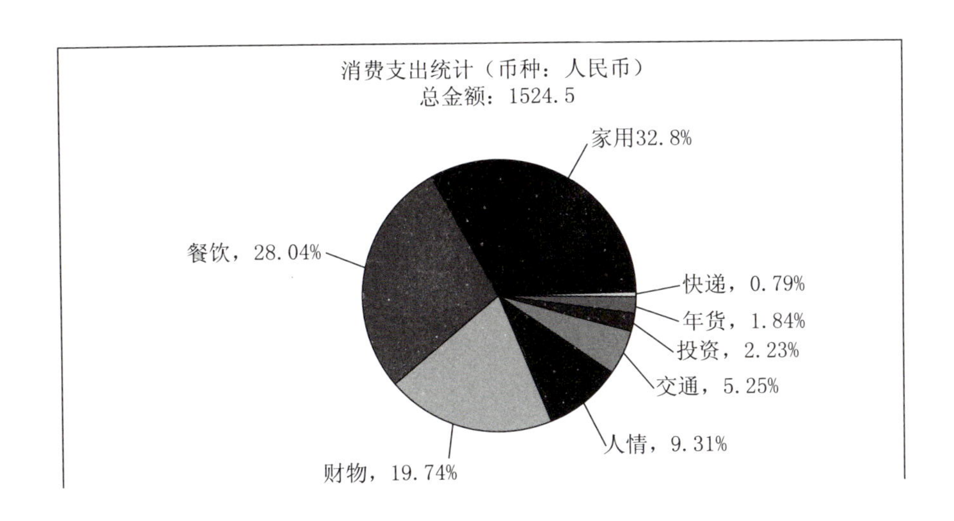

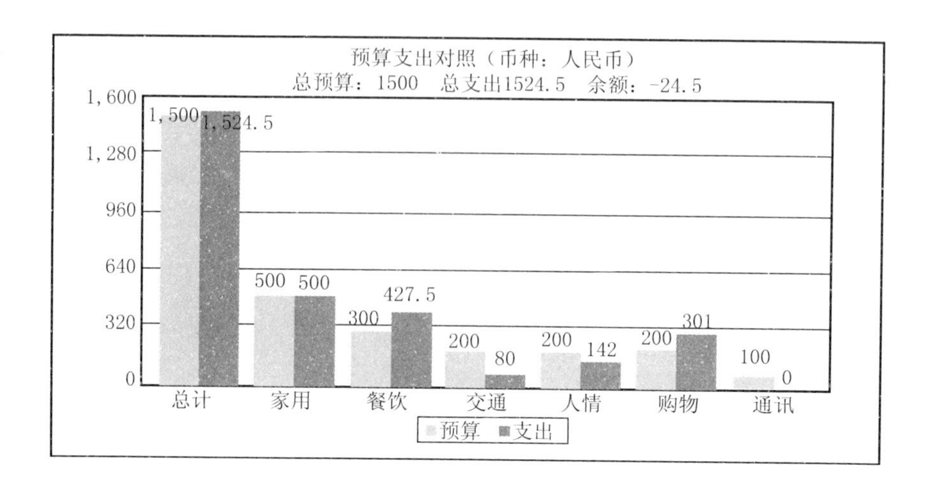

看到了吧，我的资金流向非常清晰明了。餐饮和购物方面超出了预算，这两点也是我下月需要注意的。

最后跟大家说说我的用钱原则：

1. 不申请信用卡；

2. 在银行申请账号不要卡，只要存折，卡还有年费，不划算。存折非常不方便取钱，所以可以杜绝很多冲动消费。

3. 钱放在银行里，要用才去银行拿，同样杜绝冲动消费。

4. 网银里每月放下100元钱，和朋友出去约会，至少提前三天相约时间地点。坚持团购或者团购后一起AA。为自己也为朋友省钱。

我下一步的人生规划就是用我的存款在网上开家服装店。实现我的下一步人生梦想。现在的小店财务预算与工作计划都做好了。等货源一确定就可以开店了。前路依旧坎坷，我的原则就是把坎坷的指数降到最低。那么我的方法就是坚持在做每件事情前都做计划，做财务预算，写工作流程。慢慢的你会发现，走的弯路在不知不觉中少了。

昵称：幸运女神
年龄：26
职业：网络推广
薪水：4万

专家点评

作为一名工作3年的白领，本案例中的主人公在精打细算的日子中，贯彻着理财的第一要诀，尽可能地存钱。这位白领在理财路上，值得赞赏的优点是：①对开销进行规划，并且努力在预算内花钱；②坚持记账；③根据自身情况选择适当的银行现金流管理工具；④在投资上进行与自己能承受的风险相匹配的工具选择：基金定投加上保险。而作为孝顺的孩子，选择保险不仅仅是出于自身的保障，还考虑到给父母的保障，难能可贵！

小富由俭，但光是节流还不足够的。在网上开店则是开源的选择。虽然开店有着极大的风险，但从这位主人公的思考原则中，可以看到创业的每一步都走得很踏实。理财，就是在生活中，落实开源节流的每一个细节，唯有此，大家希望的财务自由才会到来。

点评专家：吴东璇

简介：财富管理专业人士，青少年理财教育者、全国妇联心系儿童特邀亲子理财教育专家、国际金融理财师、留英硕士。逾十年财富管理与理财教育经验，专注资产管理与投资心理。著作亲子理财童话《小淘气财商奇旅记》。

聪明的女人购物有秘诀

关于理财的那些事

美国剧作家王尔德有一句话：“在我年轻的时候，曾以为金钱是世界上最重要的东西。现在我老了，才知道的确如此。”

国内外很多理财专家的多年研究表明：理财观念和理财行为是贯穿一个人一生的事情，只要生命存在，理财便是你生活中不可或缺的重要内容。现代女性自身魅力、自身价值的体现与其经济地位息息相关，故购物理财规划刻不容缓。

理财并不只是有钱人的专利。许多人会说，当然得在有足够的收入以后才能谈到理财这件事了，没钱怎么理财？钱少的人，你可能会抱怨无财可理，然而，理财不但要开源，也要节流，钱少的人更要注意合理地安排和规划支出，如此，你不仅会财务自由，人生也会更加自由惬意。

日常生活的消费经

大多数女性都有购物的嗜好，面对商场中琳琅满目的商品，能经得住诱惑的女性朋友实在不多。然而，在购物之后带着一大堆物品回家的同时，也带回了一笔可观的账目，很多女性朋友的理财计划往往就这样被不理智、无规划的额外购物所打乱。

无论是时尚前卫，还是平凡朴素，女人天生具有管家和理财的能力。聪明的女人一定知道，保持一年三百六十五天每天都漂亮示人并不一定要破费很多，学会聪明的购物方法，不但是有效的理财方法，更是一个女人不可或缺的生活智慧。

在全国物价一片“涨声”的大环境下，生活还得继续，怎么把有限的工资，投入到永无止境的需求当中去呢？关于如何才能更省钱这个问题，咱们老百姓拥有广泛的民间生活智慧，可谓各人有各人的招，“精明消费”成了人们津津乐道的话题，而各种生活省钱小秘诀都备受追捧。

比如：在每次出门购物前都要思考一下，我需要什么，大致在大脑中过一遍，最好列一个购物清单，所以解决这问题的方法便是列出购物消单，不但可以避免买漏了东西，又可减少买了无谓的东西，浪费金钱。

当你看上一件很喜欢的物品时，当你拿出钱包想要购买时，暂停。第一，再走走看，提醒自己货比三家，没准就会有新的发现；第二，离开它。女性购买欲望受直观感觉影响很大，容易因感情因素产生购买行为，很多人对一件物品的喜欢并决定购买只是一刹那间的。离开它，考量下它在你的心里是否真的那么重要，如果三天后你依然对它念念不忘，就进行下一步。第三，上网找找你喜欢的物品是否在省钱网上有优惠券，有的话，下载下来，它可以让你再省一笔。

聪明女人"惠"购物

女人和购物，似乎天生就是一对姐妹淘，但更像一对冤家。比如，有些女人过于疯狂地为自己购买名牌衣服和化妆品；购物对于很多女性来说，是生活，是乐趣，也是享受。以下是对日常点滴经验的整理归纳，集结起来送给爱购物的女人，希望给你带来有益的启示。

其一：只买对的，杜绝不需要的东西

茫茫衣海中的迷失、彷徨是每个女人都曾经历的事情，调查显示，超过40% 的女性都对促销商品有购买欲，这个比例大大超过了男性。每季的打折特卖，各种名牌的价格都相当低，而质量又可以让人很放心，是省钱的好时机。

聪明的你不妨抓住这不可错过的机会，但千万别为贪图小便宜，莫名其妙地买回去很多你明年才穿得上的衣服，因为这时无论你买的衣服多便宜，都只能算是最大的浪费。

款式、色彩搭配、尺码、品牌、做工等这些小细节是你选购衣物的着眼点。很多女人看到一件令人心动的衣服便迫不及待地买下，生怕被别人捷足先登。女人疯狂的占有欲往往让自己吃亏，由于没有试穿，尽管款式、颜色、面料和剪裁都非常理想，但就是有些地方的尺码不合适，所以，看到喜欢的衣服，结账之前的试穿、仔细察看是十分必要的，便于你从各个角度全面了解效果，避免自己受到诱惑之后作出冲动的购物决定，买了不需要的衣服，最终只有送人或打入冷宫。

其二：避免盲目攀比效仿

和公司同事们在一起共事多年，形成了一个关注时尚、经常一起逛街购衣物的小圈子，因此形成了暗自攀比竞争的局面：人家昨天穿了新买的法国名牌服装，今天刘女士就拎来意大利的品牌皮包；明天人家提前穿上了夏季连衣裙，后天会有人更超前，把刚买来的新式吊带裙穿上。如此攀比来攀比去，不到一年，大家就都惨了：皮夹里总是空空的，银行卡里也所剩无几。很多刚买不久的衣物用不上就得压箱底，实在是得不偿失。

这是一个标榜个性，张扬自我的年代，女性着装要有自己的特色。驾驭好你的服饰，要不断提升审美能力，更不要盲目虚荣，与周围人进行无聊地相互攀比。有个性品味的女人们应多多留意当下时尚杂志或在服装店中发掘下一步的流行趋势，做潮流的带头人。过度地追随潮流，只会苦了自己的钱包。

其三：购物要自己做主，不要让别人左右了你的消费

调查显示，女性更容易受到他人观点的左右，在作购物决策时也不例外，这从一个侧面也反映了女性消费的非理性。不少女性把购物看做一种享受，因此也更注重购物的氛围和商品的外观形象与情感特征。买衣服的时候适当地征求一下他人的意见固然没有错。但我们要知道：如果营业员说“还行”，意思是“你买吧”；一起来的女友会说“不错”，通常只是“一般”的意思；衣服最终是给自己买的。聪明的女人最重要的是所有的事都要有自己的主见，才不至于买回来后越看越不喜欢，后悔莫及。不要做没有眼光、缺乏头脑、不会理财的“冤大头”女人。

其四：勤于整理衣橱，做好购衣规划

服饰的流行是没有尽头的，永远都有无数的服装设计师在年复一年地制造着新的时尚，快节奏的生活让你无暇点查自己的衣物，于是很可能会买款式、颜色类似的衣服。一些基本的服饰，比如一件白衬衫，是历久弥新，哪怕10年后也不会过时，是每个女人衣橱的必备之品，所以选购时要注意那些有上乘的材质、剪裁和工艺的，多花点儿钱买件优质品，不仅穿起来好看，穿着时间也长，所以是很值得投资的。

女人要经常整理自己的衣橱，对自己的衣柜做好规划，做好搭配，缺少什么有计划地补充，对于超出范围的衣物，最好连看也不要看，如果你已经有同类型的款式，那么，再经济再漂亮的服装，也不必再列入你的清单，避免茫目扩张衣橱和进行不必要地重复性消费。

其五：谨慎对待会员卡

女性们对各种会员卡、打折卡可谓情有独钟，差不多每个人的包里都能掏出一大把各种各样的卡。许多情况下用卡消费确实会省钱，但也有很多的时候用卡不但不能省钱，还会适得其反，使你无端多出一些计划外的额外支出。多数商家规定必须消费达到一定金额后才能取得会员资格，如果单单是为了办卡而突击消费的话，就不一定省钱了；有时商家推出一些所谓的“回报会员”优惠活动，实际上也并不一定比其他普通商家省钱；更有一些美容、健身的会员卡，它们以超低价吸引你交足年费，可事后要么服务打了折扣，要么干脆人去楼空，让你追悔莫及。

其六：不要被“团购”

网上将近千家的团购网，可以让你“团”的东西真是数不胜数，大至车子，小至电影票、餐饮券，没有不能“团”的，当然，前提是要团自己真正需要的，千万不要借着团购省钱的借口团一大堆不必要的东西。

其七：网上购物要货比百家

网上商城越来越多，比如卓越、京东商城、当当、凡客等。在商家竞争如此激烈、促销活动层出不穷的情况下，只要精心挑选，往往也可以得到更实惠的价格呢。

在线下实体店买东西货比三家，在网上购物却要货比百家，尽可能地集中采购是十分必要的哦。在网上一旦碰到喜欢的，不要急于购买，把相关商品列表按照类别、地域、价格、品牌等条件限定分类，同样价格的前提下，选择邮费低级别高的店铺。如果一次购买多件商品而又不超重，只算一个邮费，这样就比较划算啦。

其八：网上购物省钱小秘招

想买物美价廉的东西，就要多动动嘴皮子，可以试着和卖家洽谈减免一定的金额，当购物达到一定金额的时候，打折送礼之类的自然是少不了。或购买时多约几个朋友一起购买，可以增大砍价的筹码，从而节省你的开支。需要注意的是，即使卖家在商品页面说明不议价，但是精明的你仍然要记得：一切皆有可能，砍价也是有可能的。

真正富有的人，除了拥有金钱上的财富外，还懂得正确利用自己的智慧，去享受努力的成果。谁最懂得管理金钱，谁就是最富有的人。女人们，管好自己的钱，让日常生活小钱变大钱，通过正确的个人购物理财规划能使我们拥有一个高品质的、自由自在的生活！聪明的你从现在开始踏上致富之道吧。

理财小窍门：擅用优惠券。

现在很多网站提供可以免费打印的电子优惠券，只要在搜索引擎里输入电子优惠券，就会出现很多。如果你和家人、朋友是麦当劳、肯德基的忠实消费者，则很有必要对他们时常发放的优惠券进行必要留意，等某天要用的时候可以拿出来派上用场，这样比买正餐优惠了很多，能让你省下许多的钱。比如要去某家的餐厅吃饭前，可以先上网查看一下有没有他们的优惠券。为您推荐诸如酷鹏网（http://www.icoupon.com.cn），这里面能找到为数不少的您会用得上的优惠券，将优惠券直接打印就可以获得很多折扣。

昵称：lisa

年龄：29岁

职业：行政主管

薪水：月薪5000元

专家点评

Lisa是一个理性的消费者，对理财的诉求主要集中在收支平衡、小有结余上，在开源节流方面，更偏重于节流。在这里，提两个小建议：一是养成记账的好习惯，收入按照工资收入、理财收入、其他收入进行分类，支出按照饮食、服装、交通、娱乐、学习等进行分类，每天及时记账、每月总结分析整理，量化的数据有助于帮助作者理性消费、理性投资。二是消费时建议使用信用卡结算，信用卡具有延期支付的功能，延期支付的资金还可以通过短期的理财项目获得一定的理财收入，刷卡积分还可以换领礼品。建议只办理一张信用卡，透支额度控制在月均消费的1.5倍，自觉避免成为卡奴哦。

点评专家：王灿

简介：中信银行郑州分行贵宾理财中心负责人，国际金融理财师、国家心理咨询师。是2009年福布斯·富国中国优选理财师50强之一，2009年中原地区十大明星理财师，2010年中原十佳明星理财团队负责人。

大龄剩女的理财碎碎经

我一直相信经济基础决定上层建筑，也一直认为女人可以没有辉煌的事业，但一定要有可靠的工作。正所谓：欲人格独立，必先经济独立。试问除了父母，谁的钱能让你白花呢？同大多数人一样，我没有什么可以炫耀的出身，因此，找工作是第一要务。

工作，众里寻他千百度

我是2010年7月毕业的，先后参加了省市公务员和事业单位考试，但结果都一样。我也参加了各大院校和人才市场的招聘会，哪里都是人山人海，要求一个比一个苛刻，薪水一个比一个低。我在网上也投了不少简历，但基本都石沉大海。不知道投了多少份简历，也不知道跑了多少个地方，我开始面临精神与经济的双重压力。我借宿在同学那里，有时候一天就吃几个干饼。后来也做过两份工作，但没多久就辞职了。好在老天垂怜，最终考上了一个事业单位。这份工作也确实来之不易，要求相当苛刻，手续极其繁琐，经历种种碰壁事件，冲破重重关卡，我终于在2012年的2月份上班了，但却上不了编制（赶上编办换领导）；终于拿到了工资，却有好多债要还；10月份，我的户口迁过来了，而从报名到此时，已差不多一年了，找工作真是场持久战啊。不管怎么

说，我有了份比较稳定的工作，而且我所在的城市消费也不算高，目前的房价基本就是四五千一平，普通小单元房每月的租金在六百元左右。

合租，分摊生活成本

作为一个刚上班的新人，不能开源，便从节流开始吧，合租无疑是一个降低生活成本的好办法，但合租不是件容易的事哦。第一次是跟二房东租的房，不久房东要卖房，我只好搬走。在同事的帮助下，我又租了个两室一厅的小单元房，每天十几分钟就走到单位了，还可以洗澡做饭，很是方便。我跟房东签了一年合同，先借钱付了半年的租金。第一个月，另外一间没能租出去，倒是有不少人打电话，也有几个看房子的，其中一个女孩年纪比较小，打扮很时尚，头发染得黄黄的，脚趾甲涂得红红的（当时六月份）。一聊才知道没有正当职业，老公偶尔要来住，只好说抱歉。还有一个女孩大学毕业，学会计的。她要出的比我少，还是每个月付租金，最可气的是她忽悠我好几回也没搬进来，总说再降点租金。房子空了一个月的时候，终于遇到了现在的合租者。她刚调到这边来工作，也不挑剔房子的缺点（在顶层，夏天很热），立即付了押金，第三天就要搬过来。这么快的速度我都没反应过来。我当时没给她钥匙，毕竟初次见面。后来，我们相处的不错，水电物业之类都是平摊的，其他东西谁想买就买。她工作比较忙，经常加班，工资也没有我高，就每个月付租金给我。其实，能找到一个合租者还是不错的，尤其在一个陌生的城市，两个人可以聊天、做饭、逛街，既可分摊费用，又不会很无聊，一举多得。

定存，积累资金第一步

刚开始，我的工资除了还债就是给家里，只留一小部分在手里，以为有了收入就算是独立了，但我很快发现自己错了。我原本对经济一点也不感冒，却阴差阳错地接管了财务工作，只好从零学起。我在网上买财务书籍的时候无意间发现了理财书，这才开始学习理财知识。除了在网上买书，我在省图也借了一些书，还在网上下载了一些电子书。我发现大多数理财入门书都会提到存钱这回事，最后也真的这样做了。我觉得，定存是刚工作不久、收入不高又月光的人必须做的一件事。也许有人说工资太低了，没法存；也许有人说银行利息那么低，还赶不上通胀率。事实上，工资高的人未必存钱多，存钱也不是为了得利息，而是为了积累资本，更是为了防患未然。和我合租房子的女孩没有存钱的习惯，她男朋友也是月光族。前一阵，她男朋友辞职后连生活费都没有，她的工资不够两个人用，于是男朋友就跟家里要了点钱，可是他找到工作没多久又辞职了，直到现在还没有工作，两个人过得挺紧张。如果平时有些积蓄，就不会在突然遇到困难时无法应对，也不会把自己弄得很狼狈。

为什么定存，原因地球人都知道：定期比活期利息高。目前，活期存款的利率是0.5%，一年的整存整取利率是3.5%，后者是前者的7倍。也许你会说那么点钱还不够折腾的，可是走在大街上谁会无缘无故给你一块钱呢？而且日积月累，再加上复利的效果，差距会越来远大。如果你想通了，就从现在开始吧。不怕麻烦的话，可以在柜台开通定期一本通，零存整取或整存整取都可以，注意要跟工作人员约定转存，以免到期后变成活期，造成损失或引起纠纷。有些银行是默认转存定期的，有的则默认到期变活期（比如工行）。用存折的好处是钱不那么容易被花掉，而且比银行卡更安全。钱少又怕麻烦的话，可以用网银存，各种类型和存期都有，也可以约定转存，很方便哦，只要保管好密码等信息就可以了。

多种类型任君选，货币基金正当时

在买基金之前，我也考虑过国债。国债素有“金边债券”之称，安全系数高，收益比定期高，例如五年的凭证式国债收益率在6点以上，但是这种国债要在柜台买，一般半个小时就被抢购一空。相比而言，基金更适合工薪族。根据投资对象不同，基金分为股票型、混合型、债券型和货币市场基金，风险和收益成正比，股票型风险大，收益也高，混合型次之，货币基金基本无风险。

货币基金净值永远为1，每日复利计算，免申购和赎回费用，比较灵活，几天可以赎回到账。以前的货币基金收益比较低，介于活期与定期之间，2011年至今，收益率大多超过了定期存款，今年清明节期间个别基金的七日年化收益率甚至突破13%，下面是2012年一季度部分货币基金的收益情况。

2012年一季度货币基金收益排名					
货币基金	每月收益率			收益率	排名
	一月	二月	三月	一季度	
万家货币	5.430	5.151	6.453	5.716	1
中银货币	4.859	5.487	5.607	5.338	2
华夏现金增利	5.593	5.030	4.880	5.193	3
宝盈货币	6.033	5.177	4.265	5.180	4
天治天得利	4.222	5.767	5.470	5.161	5
东方金账簿	5.368	4.988	4.975	5.135	6
长城货币	4.880	5.253	5.104	5.096	7
融通易支付	4.977	5.098	5.057	5.064	8
长信利息收益	5.177	5.242	4.710	5.060	9
博时现金收益	4.654	5.039	5.421	5.059	10
嘉实货币	4.731	5.105	5.262	5.052	11
华富货币	4.959	5.561	4.521	5.022	12
广发货币	4.938	5.411	4.630	5.004	13
招商现金增值	4.922	5.286	4.706	4.985	14
泰信天天收益	4.676	5.397	4.837	4.981	15
南方现金增利	4.622	5.368	4.833	4.952	16

注：资料源自百度文库。

关于收益，主要看“万份基金单位收益”和“七日年化收益率”，最好参考往年的收益排名，选择比较稳定的基金。就我购买的几只货币基金来说，一万元人民币一个月的收益大约在35元到55元不等（总是浮动的）。也许有人说，货币基金比定期高不了多少，没有必要这么麻烦。可是，定期存款要持有到期才能获得相应收益，否则按活期计算，而货币基金是每日复利计算的，每月分红转换成份额，即常说的落袋为安，赎回也只需几个工作日，远比定期灵活，却又比活期利息高，最重要的是省心，放在那里就不用管了。因为节假日涨幅比较大，很多基金公司会在节假日前几日停止申购，所以要把握好时间。货币基金作为活期存款的替代品，短期投资还是可以的。A类货币基金投资额度比较低，有的一千，有的五百，适合大众零散资金投入。那么如何购买呢?可以在银行、基金公司、证券公司购买，也可以在网上银行购买，费率不同，各有优缺点。因为货币基金没有申购和赎回费用，所以用网上银行购买是合适的，而且方便购买和管理不同公司的基金。以工行为例，登陆网银以后，点击“网上基金”，选择“货币型”，找到想买的基金，点击“购买”，会自动提示风险测试和开户等信息，根据提示操作就可以了，第一次操作要填写一些资料，故花费时间长一些，以后追加投入的话就比较方便了。注意：电话和邮箱要写清楚，基金公司一般会发手机短信或电子邮件确认开户和份额（个别基金公司会寄纸质对账单，例如华安货币），有的月底分红，有的月中分红，一般会短信或邮件通知客户。

信用卡，几多欢喜几多愁

实话说，信用卡确实能刺激消费，刷卡的快感和偿还账单的愁绪如同天堂与地狱的距离，使用信用卡真的需要控制力。我有时也不能很好地控制自己，月末的账单让人头痛。女人都喜欢购置衣服、鞋子和化妆品，我也不能免俗。唉，人在俗世，怎能不世俗。有时候我会安慰自己：存钱是为了生活得更好，适当购物是可以的，但不要做购物狂！信用卡并非洪水猛兽，用好了也不错，可以暂时缓解资金紧张，应急也是不错的，还有人拿来投资，当然这要高手才行。一些联名信用卡也不错，比如旅行卡、房地产卡、航空联名卡等，有一定程度的优惠，适合特定的人群。使用信用卡要注意：不可过度消费，最好不要提现（个别信用卡本地取现无手续费），最好绑定工资卡，及时全额还款。

梦想，何时照进现实

特别想有一套属于自己的小房子，可现实与理想，离得那么远。工资还是那么低，物价还是不断涨。我打算定投一只股票型基金和一只混合型基金，大概投三年，希望三年后可以攒够首付房款。至于保险，想再增加一份意外保险，但又有些犹豫，不知道买什么好。工作当然是不能丢的，今年要发表一篇论文，以后走技术岗位也需要。也希望遇到我的真命天子，可以走进婚姻的殿堂。从此，王子和公主过着幸福的生活……

推荐几个理财知识下载网站：

百度文库（http://wenku.baidu.com）：上传文章和评价别人的文章就能积累虚拟货币，可以下载很多免费的理财书和文章。

豆丁网（http://www.docin.com）：也可以下载一些理财书和文章，但有些要付费。

爱问共享资料（http://ishare.iask.sina.com.cn）：可以免费下载一些专业资料，而且很完整，也可以下载一些理财的书和文章。

晨星网（http://cn.morningstar.com）：专业的基金评鉴网站，可查看基金几年内的业绩排行等情况。

天天基金网（http://www.1234567.com.cn）：专业的基金网站，类似的还有和讯网、中国基金网等。

昵称：玉竹明月

年龄：28 岁

职业：事业单位财务人员

薪水：月薪 3500 元

专家点评

作者对未来有着自己的憧憬，事业、生活都有自己的目标，这无疑是一个良好的开端。在这里，建议作者给所有的目标定一个时间表，我们称之为生涯规划，对应有：实现的时间、具体的内容、需要的资金，适用的投资工具、方式方法等，这样量化之后，就可以有的放矢地回过头来看一看，当前还有哪些需要改进的，是扩大收入来源还是节约不必要的支出。就拿买房子来说，在未来什么时间买什么价位的房子，测算一下需要每月的结余，需要多少的投资收益率才能支持，做到心中有数，也就更有底气了。另外开源方面，工作当然不能丢，而且走技术路线，充电提升自己的人力资本是必须的，当然也要考虑这方面的投入。

点评专家：王灿

简介：中信银行郑州分行贵宾理财中心负责人，国际金融理财师、国家心理咨询师。是 2009 年福布斯 · 富国中国优选理财师 50 强之一，2009 年中原地区十大明星理财师，2010 年中原十佳明星理财团队负责人。

我在异乡的账本

正所谓“我不理财，财不理我”，毕业前似乎对这一点满不在乎，但现在毕业了，不想再做啃老族了，工资虽然只有两千左右，但小日子过得还是挺滋润的。目前工资分配为五个部分：投资、生活、学习、交际、运动。

一、投资：存款还是炒股

按工资的15%～25%进行现阶段最保守的投资——定期存款。原本打算做一年期零存整取的，但银行的朋友推荐说还是短期（三个月或六个月）整存整取更适合我，原因如下：①整存整取比零存整取时间更加灵活，想什么时候存就可以什么时候存，不用担心因未及时存款而影响整个存款计划。②存款金额灵活多变，可以根据自己的资金流情况存入合适的金额，既不会给日常生活带来压力，也能按计划进行强制性存款。现在每期都是定存3个月，因为考虑到短期存款更加灵活，以防万一急需用钱，所以就放弃了网上很多朋友推荐的一年期连存法。

3月定存与1年定存利息比较表　　单位：元

存入时间	金额	3月期利息	1年期利息	3月期与1年期利息差额
2012年1月	500	500×[（1+3.1%/4）4-1]=15.68	500×3.5%=17.5	15.68-17.5=-1.82
2012年2月	300	300×[（1+3.1%/4）4-1]=9.408	300×3.5%=10.5	9.41-10.5=-1.092
2012年3月	300	300×[（1+3.1%/4）4-1]=9.408	300×3.5%=10.5	9.41-10.5=-1.092

比较起来虽然三月期的利率会略低于一年期，但时间周期上更适合我们这些刚工作的人。现在每月15日发工资，一般都在28日前后将钱存入定期账户，这样的时间安排是有理由的，可以适当地将资金错开，不至于整月都得等工资，等待资金的时间可以缩短至半个月，另外存钱时有钱多存，没钱少存，适合自己才是重要的。

二、生活：还是节约点好

因为工作在外地，所以也就选择了更经济实惠的合租，既能减轻自己住房开销的负担，也能为在异乡的自己找个朋友。我的室友是本地人，但因为不愿住家里啃老，毅然只身租住在外.。我们两人合伙租下了一个三室一厅的房子，租金1200元，每人一个小间，把大的房间出租给了一对附近工作的小情侣，收来的大间房租600元两人平分，算是缓解了房租所带来的压力吧。因为在城乡结合部，我们租的房子算是便宜的了，只相当于城区里的一半，虽然上班的路途稍微远了点，但从目前经济支出角度上来考虑，这样还是很合算的。

吃饭以前都是在市区吃了再回到住所，后来发现这样开销实在是太大了，一顿简单的1荤2素都要12元，一个月算下来光吃晚饭的钱就要三四百了，而且时间久了对身体也不好。后来发现室友常在家吃，伙食还不错，就问室友在哪买的饭。室友一副自豪的样子说是小区大门口买的，经济又实惠，才8元，算起来这一顿饭的差价就有4元了，一个月至少也能省个百来块的，多实惠呀。所以从那时起，我都是先下班到家再去买饭。但快餐饭总会吃腻，跟室友两人一合计，要不买些锅碗瓢盆回家自己烧得了，说不定更省钱呢。事后证明，我们的决定是相当正确的，实际开销比以前少了约一半，更重要的是家里吃更卫生更安心。

因为回家自己做饭要买菜，买菜这活干得还真不多，但怎么说应该难不倒我吧，第一次去买菜，身上带的钱也就20左右，跟室友两人就直奔农贸市场了。肉啊菜的价格都没问就让老板打包了，结果呢，只买了2个菜，一个西红柿炒蛋，一个肉末炒鸡蛋，突然间惊叹菜价好贵啊，还花了几毛钱买了购物袋，谁叫咱买菜不提前准备购物袋呢，这冤枉钱白花的。但经过多次的购物我们发现，其实这钱还是能省下一大部分的，我总结了几个省钱的方法：①买蔬菜要到菜场外的小摊贩那儿，因为不用交租金，所以价格更便宜菜也更新鲜。②买肉最好到菜场内位置较偏的摊位上买，也是因为租金便宜，价格也就自然而然的便宜点。③傍晚的菜价会比白天的菜便宜，因为卖不完要坏掉的，浪费了多可惜啊。所以按上述几点经验去买菜，同样的菜，要便宜下三四元呢，积少成多嘛。为了节约，把吃饭时的饮料改为水了，又省了不少钱噢。

1～2月份伙食消费　　单位：元

	整改前（1月份）	整改后（2月份）
早饭（豆浆+饼）	3.5	3.5
中饭（1荤2素1饮料）	15	12
晚饭（1荤2素1饮料）	12	8
总计	915	705

在大城市工作，一般来说公共交通是比较发达的，票价也不会很贵，要是天天坐公交，办个月卡还是很有必要的，办卡都是有折扣优惠的。虽然打车出门见个客户更方便，但如果提前安排好出行路线，不打车一样可以达到目的的，何况更省钱呢。有时遇到大商场有店庆，也会有送公交卡的，这样的活动也很实惠的。每天公共交通费3元，一月平均支出120元（这其中还包括偶尔一两次的打车）。

三、学习：必须保持充电状态

毕业工作后才发现自己早已被忙碌的工作弄得焦头烂额，用在继续学习上的时间几乎为零。为了提高自己，我也将收入中的一小部分安排在购买书籍上，虽然不多，但一个月一百元左右的书籍费还是足够了，要是当月的书籍费没花完，也会作为下期的购书费或以后的培训费。我喜欢在网上买书，不仅不用满书店找想要的那本书，而且还能便宜不少，一般都能有个六七折。

看书是不能少的，与其每天把时间打发在游戏电影上，倒不如找个地方看看书，平抚下烦躁的心情。若平时没有零碎的时间挤出来看书，那索性就在睡前抽点时间吧，繁杂的城市中拥有片刻来细细品味书中的文字，还是挺惬意的。这是某月书籍消费记录（价格单位为元）：

书名	原价	折扣价
《学习之道》	28	15.1
《白领理财日记 1》	32	18
《未来在现实的第几层》	25	16.3
《我知道你不知道的自己在想什么》	32	17.2
总计	117	66.6

四、 交际：朋友多来财路多

常言道，近朱者赤，近墨者黑。一个人的身价值多少，就看你周围朋友的身价。每个月安排个1～2次的聚会，请些比自己有想法、有社会经验的朋友交流，不仅能从他们那学习到一些处事方法，还能促进彼此的了解，扩大交际圈。也许有朋友问了，那得花多少呀。其实，吃什么不是问题的关键，更主要的是看你们聊什么。

五、运动：身体是革命的本钱

毛主席说了，身体是革命的本钱。虽然现在不革命，但本钱还是要继续加强的。也许有朋友会去健身房、瑜伽馆办个年卡什么的，个人觉得要是真有毅力有决心锻炼下去的，那我很赞成，毕竟这些地方在锻炼方法上更有指导性，但如果只是因为一时兴起，我觉得还是选择更经济实惠的方法为好。每座城市都会有体育场馆，这些地方周边的设施都是免费对外开放的，可以适当地利用这些公共资源来达到既不花钱也能锻炼的目的。抽空跑步活动下筋骨，打个球出身汗都是很好的，实惠又实在，下雨天可以去室内场馆打网球，也花不了多少钱的。下表是某月我的运动消费单：

运动项目	羽毛球	乒乓球	跑步	爬山	网球
次数	1次	2次	1次	1次	1次
花费	0元	0元	0元	0元	40元

总结起来就是勤俭节约，开源节流啦！我想，大伙也会有各自的省钱生钱

小秘诀的。总之，适合自己的，就是最好的！

昵称：陈小 New

年龄：80 末

职业：私企销售

薪水：月薪 2000 元余

独在异乡为异客？

专家点评

看得出来，作者很细心也很用心，文中的列表，对比得很到位，2000元的收入可谓精打细算，节流方面已经没有再省的空间了。以作者目前的收入，以每月25%的结余500元做投资，结余或定存收益对作者未来的生活支撑，意义未必有多大。建议作者还是在开源方面下下工夫，可以多参加些培训，多持有效证照，提升自己的人力资本，通过晋升、跳槽来提高工资性收入，而且由于作者的销售工作性质，扩大社交面也是不可少的，因此可以把每月的结余定在10%～15%，在学习和社交这两个方面增加投入。要知道，年轻就是资本！

点评专家：王灿

简介：中信银行郑州分行贵宾理财中心负责人，国际金融理财师、国家心理咨询师。是2009年福布斯·富国中国优选理财师50强之一，2009年中原地区十大明星理财师，2010年中原十佳明星理财团队负责人。

梦想篇

房贷、车贷逼着我去挣外快

自大学毕业后我就没离开过“负翁”这个行列，毕业那会实习工资一个月才几百块钱，还不够一个月的房租，那时还得靠父母的赞助，才能勉强地生活下去。工作两年后因为省吃俭用余下来了一些钱，恰巧在那年年末，有个品牌的汽车做活动，零利率贷款买车，我一下子心动了（其实当时的收入水平还不允许买车），但在让“没钱人有有钱人的享受”思想的鼓动下，还是决定把车给买了，这样一下子每月要还车贷1658元，再加上油费一月400元（暂且按这个数字算），月工资还剩下1442元，幸好那段时间公司开始提供住宿，不用再租房子，这样就省下了一大笔开销。

可是买车后不久，父母建议我去买房，我说我哪来的钱买房啊，父母答应给我付首付，贷款我付一半他们付一半，想想还是蛮好，于是答应了，这一答应不要紧，随之而来的就是我生活费严重吃紧，因为月供要2889元，父母说只要我出1000元，乍一看我交得不多，可是再看看我的余款就还只剩下442元，这442元包含了我吃饭的钱和平时的一些零花（根本不怎么敢出去玩），为了解决这种窘境我想出了两个方法：一是做写手；二是冒险开“小黑”（拼车）挣钱。

一、当写手的日子里，日子很枯燥但却要坚持

为什么考虑当写手（因为大家都知道当写手要有一定的写作功底），主要是考虑到自己爱好写作，而能把挣钱的事当做爱好做一定能做好（我开始时这么想的，后来做着做着发现不是这么回事）。同时还有一个小小的原因就是从小学到大学我写的文章基本上都是老师夸奖的范文，参加了很多征文比赛拿过不少奖，所以我觉得我一定能够很轻松地胜任这个角色，这些都是我决定当写手的原因。

我还记得第一次接到“生意”时内心的兴奋久久不能平息，我高质量、快速地完成了那笔“生意”，挣了52元钱；也记得第一次被退稿的窘境，苦苦熬夜，得到的结果是不符合要求，更让我难堪的是他说了一句，“这么烂的文笔也敢出来混！”为了这句话我好一阵子缓不过来，一度想放弃，后来想了很久悟出这样一句话，“如果他能写好他想要的文章就不会找人写了，自己就没水平就没资格评论我！”但我没阿Q精神的自我欣赏，一直在改进写文章的不足之处。因为一直努力的改进，不仅我的“客人”越来越多，而且获得的好评率越来越高！

说真的当写手是件不容易的事，枯燥而又乏味（根本不是之前想象的那样），最关键的是如果写得不符合要求要返工，而且钱上也会大打折扣，为了挣到每一篇文章的钱，我都小心翼翼地揣摩着各类文件精神，有时为了加紧赶稿子会熬到深夜才睡觉，遇到比较和善的“顾客”还比较好，稿子写得差不多他们也就算了，对于一些挑剔的“顾客”，他们挑刺会挑得很厉害，所以挣的钱也就少得可怜，有时甚至会“竹篮打水一场空”！

当写手不仅需要有较强的语言组织能力，平时还要多看新闻、报刊、各类书籍等充实自己。成了写手后逼着我自己不断地去学习新的知识，出去闲逛的时间少了，又挣了点钱，这一来一去，自己心里想想省下的钱，还蛮知足。但是自己的业余时间却很少，陷入了工作了之后还是工作的窘境，有时甚至连饭也顾不上吃。

因为做写手经常要熬夜，第二天上班精神受影响很大，老是不在精神状态，一些同事以为我病了，让我请假去医院检查身体，我倒是想请假休息啊，可是想到请假要扣钱想想也就算了，就拖着疲倦的身体无奈地对着电脑继续着白天的工作……

经过一段时间的努力，看看自己存的钱，一下子傻了，累了那么久，闲下来的钱却没涨多少，于是我开始了新的计划，计划去开“黑车”（拼车）！

二、此开“黑车”非彼开“黑车”，得讲究技巧

其实刚开始做拼车的时候并没有想到纯粹的拼车，那时脑袋里为了挣钱把很多简单可行的方法给忘了，铤而走险地去模仿别人挣钱的方式，后来经一“客人”（后来成了我要好的朋友）指点迷津开始走向拼车，这招后来在实践中果然很好用。

我刚开“黑车”的那会儿，时间一般跟我上下班同时进行，刚开始开“黑车”时，每天早上我都会提前一个小时出发，游走在去公司的路上，遇到想打车却打不到的人，我就凑上去，问他去哪儿，如果与我公司比较近或者顺路我就会以相对优惠于出租车的价格载他一同去，这样一方面我不必要一个人闷着开车，另一方面还可以挣些油钱，这样子做时间长了且做熟了后，一部分人每天早上上班我都会去接他一起走，这样我也不必要那么累在路上耗着，也可以减少真正做“黑车”的风险（后来这些“客人”大多数成了我的朋友，也是在后来他们把拼车的理念传授给我的）。

开始做“黑车”在下班路上时，也是按照早上的思路来做，可是后来想想不安全，因为被交警抓到了可得付出不少罚款，于是开始与早上的“熟人”联系，问他们是否有下班接送回家的想法，很快我就联系了几个固定的客户，这样子下来我的车贷款油费几乎可以在上下班途中就安全地解决，而且快乐了自己、方便了他人。

当初开始开“黑车”的时候心里忒紧张生怕被警察抓个正着，后来做起了拼车带客，和这些“客人”成了朋友才放下心来继续开“黑车”，其实我的那群“客人”兼朋友，都知道我这样的想法，他们说这样子我一方面给他们方便了，另一方面他们自己的开销也省了，这种双赢何乐而不为！

三、当我有些存款后，我开始为我自己的理想而生活了

要不是有“两贷”快压得我喘不气来，我八辈子也没想到我能去当个写手，开上“黑车”，还好，现在存的钱越来越多了，经济上宽裕了，现在我又有了新的挣钱的想法，与其整天帮别人写稿子还不如踏踏实实为自己写稿子，所以我决定近期开始写青春的爱情长篇励志小说，即使不能出版不能挣钱我都决定去努力地博一把，因为这是我坚持当写手这么久的终极目标，真正做到将写作当做爱好去做（以前挣钱是终极目标，而现在在有一定基础后人总要向上看），小说的标题已经想好了，就叫《85后的爱情向前冲》，与其挣小钱不如一次性来个大一点的（这个有点难度，不过不试哪知道难还是不难了）。而开“黑车”不再收坐车人的钱将渐渐成为我助人为乐的方式，享受着帮助别人的快乐！

现在虽然还是“负翁”，但是此时我比当初那个“负翁”自信多了，现在的我对生活有了更高的期望，曾经负债压得自己很多想法不敢想，而现在随着手头有些松了，开始要为自己更高的理想而努力了！

昵称：Peakins Xu

年龄：24 岁

职业：某企业人力资源部科员

薪水：月薪 3500 元

专家点评

正所谓没有压力，何来动力？在通货膨胀的大环境下，CPI 始终高于银行存款利率，再加上日益飞涨的房价，买房、买车都是不错的理财方式，更何况作者还是年轻的85后，尽管是用父母的钱付首付，但相信父母也是出于想让你多些压力，去体验赚钱的辛苦而有意为之的。

无论是跑“黑车”还是当写手，这里都有一个法律的风险指数，作者一定要把握好。写手与“枪手”只有一步之遥，而相当一部分“枪手”是“拿人钱财替人消灾”，这种事做不得。

尽管作者压力很大，但只要肯流汗、肯下工夫，相信还是会有个不错的未来的。其实除了当写手、开黑车，赚钱的路子还是有很多的，比如淘宝开店、业余时间做做兼职等。这样既然作者有能力去当写手，说明还是有一些文采的，因此写写小说也是不错的选择。此外，作者是有车一族，与其开“黑车”载客，倒不如在社区或地方门户网站上开个贴子，专门招揽些搭顺风车的乘客，赚不赚到钱是小事，关键是既利人又利己，还能拓展自己的人脉关系，结交些新朋友。

点评专家：程海涛

简介：某大型求职网站资深职业规划师兼业余作家。

非典型白领藏钱记

在北京、上海这类的大城市生活，要说自己挣钱多了，不仅为别人不齿，自己都觉得可笑。崔永元到手一万多尚且没有幸福感，像我这种收入阶层的人失落加郁闷也就是必然的了。

2011年7月，我大学毕业，开始在北京游荡，工作不好不坏。虽然拿到了北京户口，在一个国有企业上班，算是一个非典型的白领，但月收入税后到手大概才4500块钱左右，与进入私营企业的同学相比不算多。好在单位提供住宿，条件当然不能算好，但确实解决了很大的问题。要知道在北京租住一间十几平米的房子，一千块钱都是便宜的。这就是说我这4500块钱都是自己一月的可支配收入。怎么花？这点钱真不够花，再一想到以后要买房、结婚、生孩子就更加头大。所以我的策略就是不花。通过把钱藏起来，让它远离我的欲望之眼来实现。

在欲望和行动间设置障碍

我参加工作后第一件事就是办了一张存折，用以结算工资。当时我也曾想着要换成一张卡，周围的年纪大一点的老同事也劝说我应该把存折换成一张卡，方便查看里面有多少银子。确实，北京的街头、商场，甚至是地铁里都有各式各样的提款机，方便得很。但手拿存折提款，好几次经过银行门口，看到里面攒动的人流，就怯懦了。幸亏如此，因为后来我发现，方便也是双刃剑，如果提钱方便了，花钱也会方便许多。

一次和同学去逛商场，相中了一件衣服，一翻标签，四百多，我们都没带那么多的现金，同学说没事，旁边就有提款机呢。我两眼一翻，哎哟，俺只有存折，于是这件衣服至今没在我家出现过。平常即便是想提点巨款挥霍一下，也会因为提钱的程序麻烦而放弃念头。

我从来不相信自己有施瓦辛格一样的自控力，可以把杂七杂八的欲望永久地压在心底，为了一个唯一的目标而努力。但我依然觉得我能够做到不败给欲望，那就是善用外界的困境。人的欲望来时如潮水难以抗拒，但这高潮持续的时间往往不长，通过给欲望制造障碍，我纵不能胜亦可不败。我的工资存折，成为了我不动的储蓄金。

不花钱怎么生存？当然这里就有个前提，自己还有其他的来钱之道。一个人要想过得悠游自在，就不能靠着一汪泉眼过日子，对于我而言，就是要善于

发挥自己的优势。我没技术、也没资金，好在工作之余还能写两篇文章，也幸亏有那么几个报纸杂志偶尔会用我的文章，于是零花钱就有了。为了处理这部分的财务，我专门办了一张卡，但里面的钱从没超过3000元。我并不是从没赚过那些钱，而是我从来不敢在里面存那么多钱。要想不花钱，就不要给自己壮胆。由于存折麻烦，每次取钱都是从这张卡中取，而每次看到卡里只有那么一丁点的钱，我的心里就多少有点酸楚，于是心里才会不停地算计起自己最近的消费状况，也才会尽可能的节俭。

至于白领引以为身份标识的信用卡，在我这里是一张也找不到的。信用卡不是存折、银行卡，它的存在本身就是用来花钱的。一次次刷卡，不仅让我们忽略了金钱的流走，而且容易让人无端生出很多难以支持的欲望，于是刷卡成癖。因此，对一个想积攒点买房钱的普通人而言，必须对其敬而远之。

有人说，存不存钱是性格使然。对这种观点，我不敢说全错，但也并不十分赞同，当白花花的银子放在自己手里，美食、衣饰横陈于眼前，能不怦然心动者，恐怕就没有几个。通过让自己远离自己的工资、储蓄，我把花钱的欲望压制在了最低的层次，我的存折里已经有了5万元的累积，这对一个毕业不到一年的人而言，还是挺不容易的。

严格的数字化生活

欲望是人的本能，消费是人的本性。我们不仅仅需要用钱来满足自己的基本生存之需，还更愿意用它来满足自己奢侈的口舌之欲和修饰之好。要谨记人没有多高级，本质而言也是个冲动的动物，往往会为了当下的利益而舍弃长远。

我经常跟同学一起出去逛街，每次进入饭店或商场，她们的两潭秋水立即泛出粼粼的波光，这个很好，那个也不错，于是乎酒菜点了一桌、衣服买了一堆，理所当然的钱包也就实现了成功瘦身。同时，不得不提的是回家后，每每大呼后悔，平生出几许“杨白劳”的感慨。

我呢，这种情况要少得多，因为我不用信用卡，平时出门只带几百元的现金，这就制约了我的消费能力，让我即便想花钱也会力不从心。所以说我藏钱的第二点就是：给自己的消费定标准，并让现金尽可能地远离我。

我不是韩寒，人家每次出门至少都带一千。每次出门，我最多也就带两百元钱。和朋友吃饭、玩，这些钱是足够了，当然要是特殊场合，比如赶上自己请客之类的，那就要多带一点，以免尴尬。带这么少的钱出去，其实主要不是为了防备吃、喝、玩的，这些活动花不了两百元钱，而是要尽量避免饭后溜达时的冲动消费。在北京这样的大城市，人最多的地方除了景点，就是商场，而且从出入的几率看，商场肯定是要大于景点的。吃晚饭，很容易再溜达进入商场。初衷是好的，却难免在琳琅满目的商品中让自己的钱包迷失。

每月的消费额，我也量化为数字，我给自己定的每月零花钱标准才1000元，包括吃饭和交际，这个水平不算高，但说实话已经能让日子变成生活而不是简单的生存了。早上3元，中午外面吃贵一点15元，晚饭自己做，花不了多少钱。这样算下来，每天吃饭也就20元钱左右，一个月还能剩400元。当然一天中的生活不可能日复一日这么具有规律性，用400元钱来应对突发事件不一定绰绰有余，但也不至于捉襟见肘。

除了控制自己的消费额度，还要对自己的整个理财计划有个宏观的把握。比如说这个月的消费不到1000元，那就把这剩余的钱归零，而如果是超支了，就把超支的部分算作是占用了下个月的指标。另外，我还给自己的储蓄设定了不同目标：第一年，工资比较少，我能存6万就够了。到现在看来，完成这个目标不是大问题。我还有个三年计划，在三年内我要在手里累积20万的储蓄。再长远一点，我不做打算，因为三年后我差不多到了买房、结婚的年龄，生活中会平生出很多变故，到时我的数字化生活也会作出相应的调整。

无论是设置障碍还是数字化生活，本质而言就是节约而已，让自己的钱从眼前消失，从而抑制最原始的冲动。“晋不可启，寇不可玩”，无论是在任何一个节点上都不宜让自己有大手大脚花钱的冲动，因为这就像是驯养一头猛兽，一旦把消费的欲望放出牢笼，再想把它赶回去，是会非常非常困难的。只是，在千万年的进化中，我们人类形成了一种固有的习性，就是不断地劝说自己“过把瘾而已”，我们总是会对未来有个乐观的估计，结果呢是一次又一次地让自己消费成瘾，掉进了商家给我们量身定做的坑里。

昵称：傻瓜九段

年龄：26 岁

职业：编辑

薪水：月薪 5000 元

专家点评

理财有如治水，收不如放，堵不如疏。“放”并不是毫无节制的挥霍，所谓“放”是把平时你省吃俭用积攒下来的钱，通过一个合理的渠道让它流通起来，成为增值产品。货币只有流动起来才能发挥其最大效力，犹如滚雪球一般，一点点积累，慢慢滚成一个大雪球。这里有几点建议可供参考：

1. 你的欲望控制得已经相当好了，已经达到了物欲的底线。因此，可以把每月积攒下来的这些钱买一些理财产品，做中长期的，比如 3 ~ 5 年的理财产品，使其最大化增值。

2. 零存整取。把每天节省下来的零钱每凑成整百时就拿去兑换，你已经培养出了节俭的习惯，所以这样更有利于攒钱。

3. 适当多一些交际，这样有助于你广开财路。其实交际多并不代表开销大，如果是真心结交朋友，大家可以AA制，但结交到的这些朋友中，说不定哪个就会拉一些私活给你，这样你的额外收入只会增加不会减少。

点评专家：程海涛

简介：某大型求职网站资深职业规划师兼业余作家。

穷家女的奋斗史：幸福＝勤劳＋知足

我现在居住在一个二线的小城市，拿着并不算高的工资。以现在的白领标准衡量，我根本就够不上白领的级别。不过从刚毕业的一穷二白到现在拥有两处房产，我的奋斗总算有了结果，我想把我的奋斗经历写下来与大家分享。

逃离北京

我读初中的时候爸妈就分别下岗，然后南下打工去了。我从高中熬到大学，又好不容易熬到大学毕业，其中的辛苦让我从小就养成吃苦耐劳、艰苦朴素的坚强性格。2006年我从河北的一所大专毕业后就直接去了北京，谋得一份实习会计的工作，月薪2300元。在北京我租不起好的房子，于是选择去住地下室，后来工资慢慢地涨，但是我依然租不起像样的房子。贫困的我从小就梦想拥有一套属于自己的房子。作为北漂族一员，我在北京没有亲人，没有背景，更没有钱，我感觉自己像浮萍一样飘来荡去。迫于北京房价的压力和现实生活的困境，我毅然选择离开北京。

2006年末，我离开北京时月薪2800元，存款1.5万。

发扬艰苦奋斗的作风

从北京回来后，正逢有亲戚在佛山发展，于是我就南下去了广东的佛山。我在佛山一家外贸公司谋的会计职位月薪2500元，工作比较清闲。渐渐的，我发现佛山的人文和经济环境都还不错，生活压力也没有一线城市大，于是我决定安定下来，并开始发奋赚钱。

由于工作不是很忙，我先后找到一家酒楼的会计和一个小公司的代理记账作为兼职。这两份工作我只需一个星期去一次，把东西带回家做，对于我来说完全应付得来。这两份兼职每个月为我赚到了2400元的额外收入。

住房上我通过合租也住上了环境较好的小区套间。两室一厅的房子，我租其中一间，每月房租500元。后来为了省钱，我又招来一个女孩同我合住，平摊房租，这样我每月的房租加水电也不超过300元。平时吃饭，我一般不在外面吃，一则是外面的食物吃得总不放心，二则我和室友在家煮东西吃，口味适合，还特别省钱。这样下来我一个月的伙食费才400元左右。衣服我选择款式质地上乘的，一穿几年都不过时。这样的日子并没有让我感到痛苦，看着存折上月月壮大的数字，我心里很是欣慰。

我保持着一贯以来的省吃俭用的作风，因为省下的就是自己的。当然我也比较重视理财。一次我在浏览理财杂志的时候，看到一则小贴士。意思是如果每月存入固定金额的一年定期，一年后你除每月都能得到定期利息外，你的资金的流动性也大。我心想：是啊，反正我每月都要存钱进银行，现在也没有大的投资，为什么不存定期呢。从此以后每月我都拿出2000元固定存定期，这样感觉心里真的好踏实，拿着银行的固定利息，一年后每月都能拿到一笔钱。我又每月拿出1000元作基金定投。这样，我也初试了所谓的投资理财。

在牛市中猛捞了一把

我想着自己现在还年轻，可以做一些风险较大的投资。看着2007年股票市场的强劲势头，我把之前在北京存着的1.5万元存款都投了进去！那些天，周围的朋友茶余饭后谈论的都是哪只股涨了多少，哪只股有潜力。我自己不懂股票，就成天跟在朋友们后面小激动，不时看走势图。看着股票市场的一路飘红，我只恨自己的资金太少，又不敢向父母要钱，怕传统的他们知道后说我是不务正业。后来自己大着胆子又向朋友借了1万投了进去。2007年的6月，我那两只股已翻了两翻。每天下班后我最喜欢干的事情就是算算自己今天又在股市上赚了多少钱。

不久朋友跟我说，到了出手的时候了，股市现在到处飘红，指不定哪天起床就一片大跌，要知道物极必反啊。我心有不甘，但又听着好似很有道理，关键是看着朋友们也都陆续出手，我这个毫无技术的跟屁虫也只能跟着出了仓。出仓后我还一连关注了几个星期，看到那两只股还是一路飘红，我不由得大大后悔，心里又跃跃欲试。就当我想再度出手时，意外发现价格有所回落，又观望了一段时间，似乎连我这个门外汉都嗅出了这个股市异样的味道。后来的发展果然被朋友言中，之后股票一路唱衰，2008年进入熊市。

回看战果，投入2.5万，纯赚6万元。直到现在一说起那次的炒股经历，我就唾沫横飞，激情真是如黄河之水，汹涌澎湃。那次带我们入市又及时带我们出市的朋友，被我们拜为股神。就这样，还在我恍惚之间，我的银行存款就一下子增加了几万。

我有了第一套房产

当炒股的激情退却下来，亲眼见证2008年惨不忍睹的熊市后，我才猛然惊觉，炒股于我是一项多么危险的高空作业！还好自己及时着陆，从此以后戒了吧，还是要脚踏实地。日子一天天无精打采地过着，我百无聊懒。一天中午休息的时候，听一同事说，他亲戚急着脱手旧城区40几平的一套一室一厅房子，因为房子楼龄已经20年，所以出价12万元，我一下子来了精神。我想既然要在这个城市扎根，何不买一套自己的房子。于是周日拉着同事去看了房子。面积确实不大，但是麻雀虽小，五脏六腑俱全。虽然户型我不是很满意，但周围环境还真不错，交通极其方便。于是当即交了一万元的定金。因为屋主说房子已经是贱卖了，因而要一次性付清全款。我算了算手头的存款，炒完股后7.5万元，2009年省吃俭用存下的存款和基金差不多4万元，于是我又向亲戚借了一万元，这样，总算是把这套小小的房子给盘了下来。房子是买下来了，但我没搬进去住，我一转手又租给了一个一家三口的一户人家，每月租金800元，这样我还是租住在原来的小房间里，以租养租，并且很快还掉了借来的一万元。

夫妻齐心，其利得金

当时许多同事们还是月光族。勤奋节俭的我就在佛山有了一套小小的房产。对未来信心满满的我在2010年下半年，通过亲戚介绍，相亲结识了我人生的另一半。对方是我的老乡，也同在佛山工作，我们一见如故，开始交往。他从事金融投资的工作，每月月薪在一万元以上。他也是穷人家的孩子，很喜欢我的勤奋和节俭。2011年我们两人都觉得该将终身大事定下来了，于是张罗着买房子。

但是2011年的房价政策一直在变，我们也始终持观望的态度不敢轻易作出决定。在2011年年末，迫于政策的压力，开发商纷纷搬出降价促销的政策。我们伺机而动，贷款在市郊买了一套100平的房子，56万。新居户型好，交通方便，配套设施齐全，位居政府的未来开发区，周边也正陆续建立新居民楼。更重要的是，离我们上班的地方较近。这些理由足够我们一掷千金定下第二套房。

天上掉馅饼，正好砸中我

2012年初又一条好信息振奋了我。老城区改造工作已慢慢延伸到我的那套“袖珍小房”。那一带需要拆迁，拆迁就意味着我有一大笔收入要进账，政府每平方给予12000的补贴。哇，我一下了就有了50多万。我的他说，我真是走狗屎运了。

现在我们又买了辆代步车每天上下班。尽管如此，我们的生活压力并不大。但我们依然继续发挥着艰苦朴素的作风。我们正为房子的装修款在奋斗，我们一致决定不向家里要一分钱。为建立起我们的小家，我们用自己的辛劳来添砖加瓦。这样的日子，我们都觉得甜蜜而又充实。因为他是做金融投资的，我们做了一个3年和5年的资金规划。为了让我们生活的更加舒适宽裕，我们决定3年内不要小孩，先过浪漫的两人世界。在3年内我们的投资主要是小孩的教育基金、一部分稳健的基金和一部分风险较高的股票。

幸福＝勤奋＋知足

朋友们，听了我的故事，你们有什么感触呢。穷人家的孩子要早当家，5年内买车买房，我们一步一个脚印，也抓住了时机。我现在有喜欢的工作，有个不错的他，我觉得很满足。我也不奢求大富大贵，只希望能愉快地工作安全地回到家——那个温馨的港湾。

昵称：尹尹
年龄：27 岁
职业：某外贸公司会计主管
薪水：月薪 4000 元

专家点评

所谓富贵险中求，读完尹尹的故事，尤其是借钱炒股那段，连我都感觉像是坐起了过山车，真替你捏了一把汗。要知道，在中国炒股，借钱是非常冒险的行为，一旦你买的那支股票连续几次跌停，恐怕你那点血汗钱根本禁不住折腾。到那时即使“股神”也只有望“股”兴叹的份喽！

不过股市也并非老虎屁股摸不得，建议你每月定期往股市里扔进去三五百，多了不需要，只要几百元即可，但不要天天都盯着大盘，而是长期持有。你现在已经有了房子、车子，将来肯定会要小宝宝，在股市里连续投资10年，这样累积下来就有3万～5万元在股池中，待到宝宝长到15岁甚或20岁、30岁时，再视情况将股票抛掉，那时恐怕不止翻番这么简单了，翻上十几甚至几十番都是有可能的事。

看得出来，尹尹骨子里有一种冒险精神，虽然自言是“比较满足的女人，不奢求大富大贵”，其实内心里是向往“财富如山倒”的。不过你又是个有福之人，天上掉馅饼这样的好事都能砸到你头上，还有什么神话是不能实现的呢？相信在未来岁月里，你的财富越积越高，越堆越满。

点评专家：程海涛

简介：某大型求职网站资深职业规划师兼业余作家。

四奴翻身解放实录：月薪4000脱去枷锁快意理财生活

“天下没有免费的午餐”是什么意思？这句话最早由经济学大师弗里德曼提出来。它的本义是即使你不付钱吃饭，你还是要付出代价。因为你吃这顿饭的时间，可以用来做其他事情，比如谈一笔100万的生意，你把时间用于吃这顿饭，就失去了这些本来能有的价值。这是机会成本的概念。

我1989年就参加工作了，记得第一个月工资发到手里只有92元，那几年我最大的消费是花140元买了辆自行车。那时候别说投资理财了，脑子里根本没有投资理财的概念！20年过去了我现在的工资是4千，再加上信用卡，出去逛一次街敢透支消费2万。理财的品种也越来越多，现在也做着黄金、基金定投、分红保险，还有固定存款！这就是变化，消费观念的变化，社会发展的变化。这种变化让国人找不到北，同时也让我们发现钱的张力。钱越多越不够花，越花钱越没安全感，过去当我们还是孩子时花5元钱全家人就可以在全聚德饱吃一顿，现在就算花上500大洋也绝不可能重温那样的美餐。原来这就叫欲壑难填、饮鸩止渴，是消费刺激了欲望，还是欲望无度造成消费泛滥？我一遍一遍地问自己。想不明白身边琐事，就情不自禁地放眼世界，回望历史。

看世界，我们不安。世界经济形势要更为复杂。美、日、欧三大经济体复苏缓慢，甚至有进一步恶化的可能，世界经济更加深刻地变化和调整正在酝酿之中。在全球经济复苏势头微弱的背景下，罢工抗议活动经常发生。“占领华尔街”活动的抗议队伍从曼哈顿下城向纽约其他公共场所扩散，澳洲航空公司罢工，让17国的领导人回国受阻。经济的脆弱点燃了平民不平的怒火。这一切说明了一个问题：世界的贫富差距，富人与平民的矛盾时有冲突，这种冷风让世界经济的复苏添堵。

看国内，股市低迷，CPI快跑，黄金行情还算过得去，众多的草民本能地

只会做两个动作：保住饭碗，捂紧钱袋。同时却将资源无限度地投入到孩子的身上，也许是我们对自己的未来看不清的一种本能折射。1937年“起来，不愿意做奴隶的人们”这歌声是中国人向侵略者发出的怒吼，在中国历史上吹响了抗战的号角，1949年又一个伟大的声音让我们站了起来……60年后，我们发现自己做了房奴、车奴、医奴。这是什么情况，连养孩子都受牵连成了孩奴。

过去是侵略者奴役了祖爷爷、太爷爷，现在怎么是钱、房子、车子奴役了我们？好像孩子也奴役了我们……父辈们靠信仰、理想、奉献拯救了饥饿与贫困，我们靠票子、房子、孩子就能拯救得了健康和幸福么？

不做医奴要懂得感恩

在这样一个为了健康千万别生病、为了家庭千万别下岗、为了幸福千万别没钱的时代。我好像走了一条别样的路：这20年来，我注意饮食习惯生活起居，孩子和我都很少去医院，看病记录简单得不可思议：仅在2010年花240多元补了颗牙（其他的小病扛扛就过去了，基本不花什么钱）。就这样医奴离我很远。

我之所以如此关心健康是因为自己打小就是个“体质弱”的小孩儿，谁见我第一句就说：“这孩子身体不好吧，这么黄这么瘦。”当时就觉得自己是个异类，是爹妈的包袱，好像亏欠他们很多。所以我喜欢医生，看到他们我好像找到了“救星”，而爹妈那沉重的样子让我很不舒服。高考填报志愿时我就想学医，母亲怕我累，报在了第二志愿，然而我一不留神考上了第一志愿，于是和医生的梦想失之交臂。直到2006年父亲因心脏病突发去世，我才悔恨不已，因为如果我是个医生父亲一定会信任我，听我话注意保养就不会那么早西去。这段经历让我坚信一定要让自己健康地生活下去，要对家人负责，必须爱惜身体。

不做房奴要风雨同舟

2000年我先生分到一套两室一厅的房子，建筑面积72平米，当时花了10万。往前数7年惨不忍睹，那时我们刚结婚，没有房子，住过东四的小四合院，住过八角的平房，也和别人合住过楼房，做梦都想有个属于自己的房子。姐做过一件最“牛”的事是领着母亲、抱着女儿去我先生单位要房子，当时先生公派国外，我们没有房子，我此举的目的无非是想让领导帮忙解决居住问题。结果领导给了我一小间房子，让我们和一个不好相处的女同事合住，这样我把公婆接来一起住了一年多。那时我每月工资只有1500元，却要养活4口人。后来先生回来了，我们分了大房子。10年过去了，女儿如今在国外读书，我们也没买新房，对房奴的那种“伤不起”自然没有体会。

不做车奴为自我解脱

本人方向感奇差，不敢学开车，先生又偏偏爱喝酒，我们都有过买车的念头，但终于没买成。有时看到周围的同龄人都会开车，自己好生喜欢，但就是没有勇气学。人们说，有车，你的世界观就变了，我也很认同。但让我开这么大一个机器上路，我还真怕它坏在路上，尤其早高峰的北京就像个停车场，堵车堵得我心烦。如今停车费、油费、过路费比CPI跑得还快……恐怖啊，现在看来买车容易，养车难，我们躲过此劫。和车奴没沾边。

不做孩奴要粗养细教

我好几个同事都说养孩子太费事了，都没要孩子，不知道他们有毅力坚持“丁克”下去不。反正我觉得带个孩子挺幸福的，如果不是“只生一个好”，我还想要一个，不让那个出国，一家4口多幸福。我总结孩子要“粗养细教”，意思就是在吃穿上简单点，省下钱和精力用在她的思想、情感和智力发展上。作为母亲肯定要花些时间在孩子身上，因为那是你的另一个事业。要知道母亲一个小疏忽，会给孩子造成很深的伤。如果你把孩子看成和你平等的生命就会找到快乐，那是一个新的生命；如果你把她看做你自己的一部分，你会发现神奇，那是一个未被开发的你。如果眼光对了，方法就变得不重要了。我会陪她一起读书购物，一起分析历史人物和事件，一起去陌生的城市，和她一起探讨她的未来。当然养孩子自有辛苦之处，但作为母亲我只觉得这些都具有特殊意义，不可能受此拖累变成“孩奴”。现在我女儿去美国了，正好赶上人民币升值，她在地球另一头刷卡，我们这边用人民币还款。继续生活在快意中，美好的生活在明天等候。

今年我月薪4000元，十年后会怎样？也许我退休过上了夕阳红的好日子，也许我的退休金比现在的工资还高，也许CPI跑得更快，也许自然灾害更多了……真不知道好远的以后会怎样，但有一点我确定无疑：在任何时候都有既努力又有智慧的人，他们无论在什么情况下都能过上好生活。我们要向这样的人看齐，而不是被生活的某些“相”所左右、奴役。对奴役说靠边站，对自己说要珍重，好生活在前面，路只能在脚下。

昵称：春雨绵绵

年龄：47 岁

职业：部门主管

薪水：月薪 4000 元

专家点评

感谢春雨绵绵带给我们这么有力度的文章，真正的文如其名，像一阵春雨，直洒心田。严格来说，这不是一篇教人学会理财的文章，而是一篇教人如何做回自己的文章。现在的车奴、房奴、孩奴确实有太多太多，我们的父母一代还算是“生在红旗下，长在新社会”，育儿观、金钱观，包括买车、买房这类事情在他们心里还很淡化，但到了我们这一代，尤其当我们为人父母时，和金钱相关的诱惑便接踵而来。思考，再思考，发出如楼主一样的感叹，到底是消费刺激了欲望，还是欲望无度造成消费泛滥？但更多的人只会闷声儿发大财，这些思索留给像“春雨绵绵”这样的有心之人，于是，赚得不多，但生活得很好。根本原因在于他们拥有正确的心态，懂得什么是自己应该消费的，什么是自己不能消费的。搞清楚这些问题，消费才会变得理性，理财，也便成了无心插柳之事。

点评专家：程海涛

简介：某大型求职网站资深职业规划师兼业余作家。

小工薪族奔向蜗牛壳的理财记

2008年，我研究生毕业来到广东的这个美丽海滨城市——珠海。幸运的是2008年金融危机时的就业难没有与我正面相撞，还没毕业我就在实验室里与现在的单位签订了协议；不幸的是我们这些搞研发的研究生一般都拿着数目很悲催的工资。

七月份一拿到学位证书和毕业证我就带着身上仅剩的1000元伙食费，把学校的东西打包直接来单位报到了。单位给研究生的生活待遇还不错，在单位大院的电梯公寓楼里给安排了一个带浴室厨房阳台的单间小套房。

上班的第二天就发生了一件乌龙事。那天晚上骑单车去周围熟悉环境，回来的时候买了袋水果，把钱包和水果一起放在车篮子里。上楼的时候，顺手提着水果就走了，钱包就华丽丽地忘在了单车篮子里。第二天早上想起来，匆匆去找，篮子里钱包还在，里面的钱给摸得一毛不剩。我急急忙忙去保安室调摄像头的录像，被告知大楼的摄像头正好这几天坏了，哭笑不得，为什么摄像头这种东西总是需要用到的时候就是坏的呢。

要知道，那可是我最后的1000元，没了以后，赶紧打了个电话给我的“人肉提款机”——亲爹。我爸笑说：你还没开始赚钱，就要开始花我的钱了。爸爸立即汇来2000块以后，我的职业生涯，就在负资产2000元的情况下开始了。

衣食住行：核算规划固定花费

一工作我就开始有理财的想法了。刚开始不懂太多，也是慢慢通过在网上查一些资料，在MSN中文网的理财大学里看了很多网友们分享的经验，自己摸索着做了一些规划。2008年刚入职的时候，工资扣完五险一金、房租水电，拿到手有4500元，其后每年涨300元，到现在才有五千多，可怜的研究生呀。首先说一下我的固定花费情况：

衣：包括逛街买衣服、鞋子、包、化妆保养品等。因为珠海去澳门很方便，我每隔一两个月会去一趟澳门，基本上这些东西都会集中在澳门买回来。澳门买的衣服一般都是好的牌子，款式经典漂亮，质量也很好，这样一来不会因买一些不喜欢穿的衣服浪费钱，二来穿衣品位有保障。保养品之类的不用说了，大部分便宜很多，随便打个比方：玉兰油的7重修复霜，专柜卖一百多，网上便宜的也要卖九十多，我在澳门帮同事买过特价49港币的，还附送一支50g的玉兰油洗面奶哦。这部分每个月没有固定的花费，大概平均每月500～800元。

食：早餐两片全麦切片面包＋一杯牛奶，中午在单位的食堂统一吃免费工作餐，晚上也可以在食堂吃，价格便宜，从2008年到现在每餐永恒的6块钱。但是我晚餐一般不在食堂吃，自己做点简单的或者干脆和同事到外面吃，还有买各种各样的零食。每月花费800～1000元。

住：单位提供的单身公寓，象征性地收点房租，140元/月，加上水电费不超过200元，直接从工资里扣掉（工资4500元拿到手时已经是扣掉房租的钱）。

行：包括交通费和通信费。住在单位大院，交通费省下了。一个月要去广州出差两次，少许出差补贴加上通讯补贴，每月电话费能全部抵消，偶尔还能多出个100～200元。每月这方面总计花费0元。

理财计划：存三次钱降四次息

2008年入职那年刚好金融危机，国家一直在降息，所以我存第一笔定存的时候就是这样一个轨迹：降息，降息，第一次存钱；降息，第二次存钱；降息，第三次存钱。

我欲哭无泪啊，一年定存也没多少利息，还一个劲降息，这不是打击我熊熊燃起的理财雄心么？但是即便是钱不多，到了11月我转正那个月，我就按照我的计划开始存钱理财了。

单位每个月5日前发上个月工资，所以我把每个月定存的日期设在每个月的5日（基金定投的日期也是5日，后文会提到），因为这样才能保证每月工资发下来第一时间按计划存起来而不是被不知不觉地花掉。我根据自己的实际情况制定了一个计划，把每个月的工资分成三份，1500元定存，1500元定投基金，1500元日常花费。主要是下面所列：

1. 每月定存：从2008年11月开始定存第一笔钱。1500元，利用12存单法每个月存一笔一年期定存，到了下一年每个月都有一笔定存到期，到期1500元+本月1500元=3000元，再定存。利息取出来，每个月得到的利息不多，只有不超过一百块钱，我会拿来当作奖励给自己卖点零食或别的，无论怎么说，要对自己好一点，存钱的目的不就是为了用这些钱给自己花吗？每月定存：1500元。

2. 每月定投：从2008年11月开始定投基金。基金挑了三支，指数基金、偏股型基金和混合型基金。每个月每支定投500元，每个月5日的时候银行会自动把我工资卡里的钱划走，带有“强制性”，想阻止都很难哟！基金定投不是只留在那里不管，我会经常检视定投的情况，有一支收益不好被更换，后来又新添一支，四支基金各定投300～500元不等，总额还是1500元。每月定投：1500元。

3. 每月花费：剩下的1500元用于吃饭、零食、买东西。像我这样作为独生女的80后没有精打细算省钱的概念，但是我并不觉得自己的钱不够花。这就是为什么要一发工资就存钱的原因，如果账上只有那么多钱，那么人就会下意识的根据自己能承受的范围来花钱，这1500元我就算全部花光，我也存下了工资的三分之二，所以花起钱来格外放心，其实“月光”也是一种美妙的享受！每月花费：不设下限，花光为止。

还有两点有必要分享一下：

一是备用金：我准备了3000元现金藏在宿舍的衣柜里当应急备用金。

二是信用卡：个人觉得信用卡对理财很有用，因为你能从账单中检视自己每个月花了多少，每笔花来干什么，能对自己的支出状况做一个有效的管理。我有两张信用卡，我们都知道越接近账单日免息期越短，所以我的账单日分别设在每月的月中和月末某日，这样能保证刷卡的每笔金额都获得较长的免息期。

搞点副业：不能节流只得开源

我统计了一下，发现我这几年来花的钱平均到每个月是超过1500元的，算出来以后自己都吓了一跳，钱是哪里来的？！

其实2008年入职后，我在单位待了小半年，年底我就带着单位与一所著名大学合作的一个项目，以进修生的名义进驻到这所大学的实验室里研发这个项目去了。毕业四个月后又带着工资和每天30元的出差补贴华丽丽地重返校园了。

在大学实验室里待了整整一年，每天完成工作之余也没什么特别的事干。作为巨蟹座的女生，性格比较感性，以前写的文章也经常受到同学朋友的称赞，于是我这个搞科研的理科生在工作之余开始尝试在一些网站上写小说。

应该说我是很幸运的，或许像网站的编辑所说的那样，一个搞科学研究的巨蟹座女生写出来的文章，兼具严谨的逻辑性和相当的细腻性，格外吸引人。就这样写了几个月以后居然幸运地从一个小透明写成一个有几个人捧场的小粉红，这几年下来写写停停也积聚了几万元。只是因为要缴税，这些钱我并没有全部取出来。从2009年7月开始，我固定每个月从小说的收益中提取800元出来，一直到现在。

不过对于一般的人来说，我不太建议业余做这种“副业”。因为在网上码字真的很辛苦，基本上下班以后要牺牲掉全部的休息和休闲的时间，是一个投入和产出很不相称的“副业”，如果不是自己真的很喜欢，而且是身在校园那种比较封闭的环境里，我是没办法坚持的。希望以后能多想点办法，发现别的更好的开源方法！

至于每月那么辛苦才得来的一点钱，权当给自己涨工资啦！

所以2009年一整年，除了每一个固定的工资收入和每个月的固定花费以外，一年下来额外的收入有：出差补贴10000元＋6个月稿费4800元＝14800元。

小小蜗居：养兵千日用兵一时

2010年1月，项目的试验部分完成了，我又从大学回到单位。2010年这一年我规规矩矩地工作，勤勤恳恳地码字，最让我骄傲的是当年定下的理财计划我严格遵守了，从来没有因为控制不住自己乱花钱的欲望而打乱原定计划。有时候也会因为钱不够花而头疼；有时候钱没花完的话我就把多余的钱额外投入手中收益最好的那支基金当中。总的来说合理规划好余钱，加上每个月收入的稿费，生活中用钱是很宽松自在的。

到了2011年2月，养兵千日用兵一时的时机到啦。在得到爸妈支持并支援下，我决定在珠海买一套属于自己的小房子。于是我开始清点我所有的“财产”，从2008年11月到2011年2月，一共是28个月，我手里的钱大致如下：

定存：1500 元 ×28 个月＝ 4.2 万

基金：本金＋收益＝ 5 万

手中富余现金：2 万

剩余稿费：没取出来，记为 0 万

共：11.2 万

最后挑了个75平方米左右的小房子，我的钱再加上家人给的钱，我付了首期买下来。以上这些就是故事的小高潮，也是故事的阶段性结尾。

买房子以后，2011年所有的钱全部都花在房子的各种费用和缴税上面，存钱和定投都暂停了。到了2012年的现在，手里面才开始慢慢能松下来啦，我想，我又可以再重新开始拟定一个理财的计划了。

一个事业心不太强的小研究生，拿着一份不太高的薪水，折腾了两年，总算是也能得偿所愿拥有了自己的小天地。同时，在这一年，我也收获了甜蜜的爱情！理财其实是一种态度，一种对自己拥有的东西以及对自己人生的规划，对待爱情又何尝不是如此。用理财的的态度和坚持去理爱情，理人生，我相信总会有收获的！

昵称：某一一

年龄：28 岁

职业：科研单位研究员

薪水：月薪 5000 元

专家点评

看来某一一同学是醉翁之意不在酒哇！虽说是篇理财日志，但最终结尾落在了寻找意中人上。不过这两者并不矛盾，还有共通之处。理财和寻找爱情的相似之处在于都要将眼光放长远，结婚是终身大事，关乎一辈子的幸福，理财亦如此，不能局限于眼前的蝇头小利。看得出来，某一一同学是有心之人，虽然工作不久，每月也只有5000大洋，但却懂得将有限的钱用在无限的打理之上，知道通过钱生钱，让鸡去生蛋。更难得的是，作者还是勤奋之人，通过写稿赚些外快，以这样的心态去寻找爱情，岂有不成之理！

点评专家：程海涛

简介：某大型求职网站资深职业规划师兼业余作家。

做个精致懂生活又会理财的小资女

时光荏苒，岁月如梭，转眼间2012年就来了，参加工作也快5年了。5年的时间让我从一个刚出大学校门的青涩女孩成长为一个精致懂生活又会理财的女人。

2007年7月，刚出大学校门就选择来到深圳这个大都市，从一个普通的行政类员工成长为现在公司的中层领导，工资从刚进公司2500元到现在税后6800元，几乎每年都会加1～2次薪水。我没有频繁的跳槽，我觉得选择了一个行业，只要公司平台不错，就要勤学肯干，年轻的时候多努力多学习，很多时候老板是会把你的进步看在眼里的。

工作第一年（2007年）只存了3000元，虽然薪水不高但也绝不允许自己月光。我把工资分成简单的3份，第一份固定支出（房租、餐费、交通费和生活费），第二份定期存款（500元），第3份零用钱（剩余的钱），强制自己储蓄而没有做其他任何投资，由于第一年的薪水不是很高（刚进公司试用期2500元，3个月转正后3000元，半年后3500元，一年后4000元，由于工作表现很好，个人素质也不错，老板对我的工作很满意，所以刚开始基本上半年就加1次薪水），每个月固定存500元，零存整取，整整存了1年。

第二年（2008年）开始，我接触了一些理财论坛和书籍，经常泡在MSN的理财学院里学习，看看其他朋友的理财经验，我开始了记账生活，也开始了

投资自己。存款方式也变成了整存整取（每个月存1200元，第二年存了14400元），3个月、6个月、一年期的都有。这个方式资金调用会比零存整取更灵活方便，而且比活期利息高，每个月都有利息进账，也挺好的。

第三年（2009年）的9月份开始，接触的理财信息越来越多，总觉得钱一直存在银行虽然有利息但是好像增值不多，这时候我开始研究基金和股票。由于是初次尝试，所以基金我选择了保守的基金定投，每个月1000元，我是准备至少放3年的，所以短期的涨跌我并没有过多关注，刚开始还是不错的，到了2011年年底，亏得厉害，最多的时候1万多的本金亏了3000多元，不过我会一直坚持的。同时我投资了4000元的股票，刚买的时候小赚了一笔，我记得赚了800多元，2010年我又加了4000元，2011年就开始亏损了，最多的时候接近50%了。投资的同时并没有停止定期存款，随着工资的增长，2009年我每月定存1300元，基金定投1000元。到了2009年底我的银行定期存款一共是34000元，虽然不多但是也是一笔小收入。

2010年和2011年定期存款和投资方式没什么变动，截止到2011年12月31日，所有的定期存款接近7万，基金定投和股票加起来差不多2万。以下具体分析。

1. 投资自己——学习

A. 2010年我报了一个商务英语班，提升自己的英语能力，学习了6个月，每周一节课，收获挺大的，认识了很多志同道合的朋友。后来也兼职了英语翻译，方便以后的开源。

B. 2011年报了一个人力资源管理师资格认证培训，学习6个月，每周末上一次课，争取2012年就拿到证书。这样多学习些知识，提升自己，可以切实地帮助自己解决工作中遇到的一些问题。

2. 理财

A. 记账：我选择的是网络免费记账软件，非常方便，各项支出收入项目选择很多也可自己添加（大的类别下可以自己编辑小的类别）。每月自动汇总，还可以导出记录，还有图片形象的分析，很好用。我现在每月还会做总结，看看哪些是不该支出或者支出过多的项目类别，下个月就提醒自己。

B. 定存：虽然这个方式很原始，但绝对是强制储蓄的好方式。开通网银，每个月都要把自己需要存的数额提取出来，现在网银很方便也很强大，建议大家可以开通，免费的，投资也可以直接通过它，这样可以很方便地管理自己的账户。建议大家可以把自己的工资先简单规划，每个月领取工资后，可以像我之前介绍的一样分成3份，先强制储蓄，积少成多。

C. 投资：根据个人的具体情况，投资前最好要了解清楚自己投资的理财产品，不要跟风，多做些功课有利于长期收益的。

D. 多办生活卡，擅用信用卡，一定不要让自己成为信用卡卡奴。我一直用一张信用卡，每个月也会按时还款，我把工资卡绑定自动还款了，很方便，信用卡积累的积分还可以兑换礼品。生活卡是指自己经常去的超市、商场等的会员卡，一般都有返利或者积分兑换的，也可以换些日用品或者直接换购物卡之类的，总之是免费办理但又有所收益，何乐不为呢?

3. 生活

A. 擅用网络，比如订机票，可以提前在网上搜索特价票，非节假日的时候有时会比火车票还便宜。购物，最好团购，好好甄别，网上会淘到不少实用又实惠的好东西。

B. 服装和鞋子：一般都是换季专柜打折的时候购入，低的时候1～5折。

有的朋友可能会觉得打折一定是旧货或者瑕疵品，其实也不完全如此，有的时候也会是促销或者断码。对于去年的货品，只要善于搭配，也可以很时尚的，而且经常看些时装杂志会提升搭配能力的。或者在专柜看好了以后去淘宝搜索，很多时候折扣会比商场低很多。

饰品和包：我会选择一些保值的品牌，每年会去香港买1～2件黄金饰品。

护肤品：我没有固定使用的品牌，我觉得每个品牌都有自己的明星产品或者适合我用的，所以经常会上网搜索合适我肤质的产品，然后到香港买一些小样和中样，如果确实效果不错的话再买正装。其实好的睡眠加上定期运动会让你拥有很好的面色和皮肤，还可以节约开销。

我是一个很讲究搭配的女生，出门前服装、饰品、包包、香水都会根据当天的工作内容和心情做搭配，平时对这一块也很感兴趣，所以也经常会有同事和朋友买服饰和包包之前过来咨询我的建议，我也乐于分享。

C．尽量自己做饭，干净又卫生。电话费在这里特别提下，最好在做活动的时候充值，比较划算。我每年只充值1次，300～500元，今年充值参与了针对深圳区域的一种送话费活动，很划算。

D．团购：平时的生活除了去图书馆和约朋友一起爬山（去图书馆可以丰富自己的知识，爬山可以免费锻炼身体，也可以多认识一些朋友），也会团购一些电影票、小食品、做指甲的等，可以节约很多钱，同时又可以丰富自己的业余生活。

4. 开源

2011年做了两个月的兼职：文字翻译，赚了2000多元。2012年也准备做一份短期兼职：英文家教。我的英文本来就不错，再加上自己也经常学习，参加培训，所以这成为我的一个开源方式。有空的时候我固定做了3个调查网站，每个季度也有100～200元的小收入。

每年开始的时候给自己制定个计划，每年年终的时候再好好总结一下，不断进步，让我们的生活越来越好。我希望2014年在深圳买个小两居的愿望可以实现。

2012年，新的一年，新的开始，今年的计划如下：

1. 每个月要坚持看一本书，特别是理财和工作相关的书籍。

2. 去年年底报了驾校一直没学，又赶上过年，现在要尽量快点考到驾照，然后买辆代步车，计划用8个月时间。

3. 继续记账，并做月总结。

4. 报一个瑜伽班或者舞蹈班，锻炼形体。

5. 多开源，不定期兼职。

6. 投资多元化。

7. 继续小资生活。

8. 希望到2012年年底定期存款10万，股票和基金投资多盈利。

到目前为止，经过自己的努力，事业还算稳定，感情也找到了归宿，祝愿自己今后的日子越来越好，不降低生活品质的同时理好自己的财，生活越来越滋润！

昵称：小潮女

年龄：27岁

职业：行政管理

薪水：月薪税后6800元

专家点评

“小潮女”的月收入不算多也算不上少，有一点做法令人赞赏，即无论何时都没忘记增加对学习的投资。人活到老亦需学到老，知识的积累一定令你对这个世界有不同的认识与态度，当然也会改变你的理财观念。

此外，经过此前的漂泊，“小潮女”已经找到情感归宿，两个人的力量一定是大于单打独斗的，所以你“到2012年底定期存款10万”这个目标一定会实现。

最后，有一点需要记住：凡事都有道，赚钱有道，花钱有道，理财需要道上加道，工资没有物价涨得快，但是思维不能比形势转得慢。意识在先，智慧在后，通胀时代的年轻人必须保证自身的财富依然可以增值，这个财富不光是单纯的金钱和物质，更多的是对自己未来的投资。理财有道，人生亦有道，世间道通往同一个地方，只要我们清醒的认识环境与自己，相信用双手就可创造更多的财富。

点评专家：程海涛

简介：某大型求职网站资深职业规划师兼业余作家。

平衡发展，丰富人生

我，一个打工者，自从踏入社会工作五年多来，凭着积极乐观的心态，执着向上的信念，认真踏实地学习工作生活着。在大家眼里，我作为一个普通人，没有特殊的家庭背景，没有优越的学历，没有过人的才能，更不曾得到上帝的格外垂怜，但我要比身边与我一样普通的同龄人过得要相对稳健、自在与从容。

我工作安稳有序，并无太大压力与风险；有美满的家庭，妻子贤淑能干，经济算独立；有自住小居与各项投资；工作生活各方面都打理得井井有条……而这一切，我认为，都是靠自己一步一个脚印，不断辛劳付出，努力学以致用换来的。

一、调整心态，不断学习，踏实做好工作，获取稳定收入

读书的时候，我很清楚，将来踏入社会，暂不说家庭背景，光在“敲门砖”上，我都要比很大一部份人略输一筹，所以，当很多人都忙着享受大学开放式生活（谈情说爱、沉溺网络游戏等）时，我就为自己定下了三个目标并付之丁行动，持之以恒。

1. 学好本专业知识。

2. 坚持锻炼身体致力健康。

3. 每半个月内消化一本课外书，开阔视野。此习惯一直延续至今天，但现在往往要花更多时间才能消化一本书罢了。

由于一直朝着目标努力，三年的大专生活，我感觉非常充实。直到毕业前夕，我基本掌握了自己的专业工作技能——计算机。谁知阴差阳错，毕业后我在一位表亲戚家开的玩具外贸公司做业务跟单，而且一呆就是近6个年头， 其中的酸甜苦辣，纵有千言万语都难以表达。年少的雄心壮志也被时间与现实冲刷磨平。我也渐渐看透了。诚然无论打工还是做老板，在哪里都会有不顺心的这事儿那事儿。所以，我想，接下来我还会在公司一如既往，尽职尽责，兢兢业业，除非他日出来做属于自己的事业。

踏出校门，将近6年呆在一个公司，在如今这个人心浮躁、物欲横飞的社会，是得要有一定的忍耐与毅力，至少，我所了解的同学、朋友圈子里，像我这样“耐磨赖留”是绝无仅有的。在此，撇开坏的方面不谈，让我们说好的一面，那便是固定的岗位让我对工作了如指掌，轻车熟路，平日里有一定的时间可以对稳定的收支进行合理、科学地打理，这就是下面要着重说的“理财”了。在此，顺便提一句，6年的固定工作，让我有6年满额的社保与2年的住房公积金（我是在两年前才开始享受此项福利的），这一点，相比工作换动频繁的人，也算得上多一项较连贯的工作基本保障。

二、首先为自己购买商业保险做最基本的保障

依我看，理财，它是日常对待生活的一种习惯与态度，它是建立在稳健收支、平衡发展的基础之上，是对金钱的一种适度把控与利用的价值观。所以，

一旦有闲钱时，我们得让这些资金首先起到保障个人的基本用途——购买商业保险。2006年刚工作的时候，因为一个亲戚当时在保险公司工作，当时为了他的业绩，又因为在大学看过不少相关书籍上有提及商业保险的必要性，所以从2006年起，我就有购买每年4200元的分红类寿险与医疗险(包括人身意外险、大病险等)。要知道，当年我的平均月薪才1200元，可以说，要投入将近4个月的工资，是得具有一定勇气与魄力的。现在，这笔20年的投资，已完成四分之一了，我也很感谢我那位亲戚，让我能这么及时地接触并承受这份“早来的爱”。2009年的时候，我也为妻子——当时还是我的女友购买了相应性质与保额的商保。我一直认为，人但求平安，商业保险并不求其能有回报，这类投资打水漂最好不过，但其确实可防不测，大有必要。

三、通过购买定期基金来约束花费，硬性养成良性储蓄习惯

过来人都知道，2007年的时候，基金相当红火。当时办公室的老同事都有不少收获，耳濡目染之下，我也每月定投了500元“易方达策略成长”，那时也仅仅是在百度上看到这个基金业绩好，评价较高，而且我认定钱放在市场里沉浮总比放在银行里成死水要强，因为这么点钱如果不是硬性存着，放在手里总归会用掉，倒不如长时间定存下来，只愿它能保本，不求它成何气候。在这样的心态驱使下，我的第一笔长期投资就这样一直持续下来，从2007年3月到今日为止，不知不觉，投入本金一共3万余，市值一直随股市好坏有起有落，目前刚好在成本左右，这权当是一种良性储蓄罢了。

四、与其把闲置资金存放银行，不如投放股市学习资金把控能力

提及投资理财，很多人第一反应应该是“股票”。股市是直接融资的资本市场，是经理人找投资人借钱创业的交易场。说白点，股票就是信用承诺书，是利息期权借据，也就是郎咸平说的白条。稍了解中国股市行情的人都知道，中国的股票市场与中国的足球一样“臭名昭著”。诸如“10年一个轮回”(媒体统计数据)，“中国的股市很像一个赌场，而且很不规范”(吴敬琏语，也是每年公认的数据体现的）的骂名比比皆是。如果没记错，我是2007年4月份正式成为中国股民的，依然清晰记得当时向父母要了10000元入市，两周赚了3000多元，但好戏不长，接着便是恐怖的5.30暴跌，紧接着数日昏暗惨淡，跌势不断，直至我的10000本金缩水一半。现在看来，我算是跟风入场的倒霉蛋，倒在节骨眼上，上证综指从2006年初到2007年10月，涨了4倍多，然后短短的8个月，从最高的6000多点暴跌到1600多点，最低时跌去了70%以上。初上场便遇熊市的我心有不甘，后来陆陆续续有加资入仓，几年算下来，最高时投入成本是13万，成交上百，但战果却平平无奇，甚至可说是丢人现眼。最风光时也就是赚1.8万，但最低时是净亏了差不多5万，还好目前是持平状态。若按吴敬琏大师所说，这成绩虽说要比80%的人操作得当，但若算上通货膨胀、银行利息等机会成本的损失，在股票投资这方面，依旧称得上是一个纯粹的、不折不扣的失败者。

所以，阿Q思维，想来想去，在股票投资上，我收获的仅是对市场信息的关注及尝试了血汗资金在风口浪尖上那种欲罢不能的深刻感受与体会。故在股票这方面，我只能奉劝各位，入市一定要用闲置资金，方能进退自如。其他的知识，还请有兴趣者多关注现在市场多如牛毛的“股书”好了。

五、不断学习，接触其他理财知识

操作股票的同时，通过不断学习MSN理财大学上面分享的很多精彩案例，我陆续与女友尝试了纸黄金、开淘宝店、信用卡的充分合理极致利用等小项目，但都纯属小打小闹的参与性小插曲，在此就不一一细述，着重说一下2009年购房与2011年投资商铺的经历好了。

六、与其租屋交租，不如供房

2009年的时候，工作已3年有余，加上女朋友的积蓄，我们手头约有10万的闲置资金，在广州漂泊了3年，先后搬家了5次，已经很厌倦这种居无定所的生活，加上那个时候，女友的工作也相对稳定，在确立了日后将在广州生活发展的前提下，强烈萌发了与其每月要交为数不少的房租，倒不如贷款买一套房子的想法，于是，我们迅速地开展了漫长的“找房运动”。当时，离我俩公司都近的闹市中心一手房价是1.5万左右，二手房也要1.3万左右，这对于工薪阶层的我俩来说，实在有点吃不消，于是我们退而求其次，把目标锁定在郊区的地铁四周，如此一来，资金压力不会太大，而且郊区也有郊区的优势，生活成本较低，没有市中心的拥挤与喧闹，只要是在地铁旁，交通出行同样方便，就这样，通过对比，进一步锁定了区域范围，通过前前后后半年的光景，看了30多套房源后，最终选定了荔湾区郊外的一个楼盘，2居80平的二手楼，7200元/平方米，加上税费、中介费用等合计60万左右。首付在我们现有的10多万基础上，父母支持了10万，办下20年期贷款26万，就这样成为了房奴。回头看，当时买这套房子是不错的时期，贷款利率有八折优惠不说，因为当年10月份以后，全国房价疯狂上涨。现在我们所住楼盘均价要1.5万以上。

七、把有限的资金花在刀刃上

房子买来之后，我们并没有在装修上花太多的钱，原因有三，一来实在也没有多少闲钱，二来是我们觉得应该忆苦思甜，这么年轻还没必要就贪图安逸享受，最主要的原因是我们总觉得二居房毕竟不是最终的选择，只是过渡房，比租房强一点就好，以后有钱了，有小孩了总归要换个三居房的为好，没必要装修得太漂亮，房子干净，住得舒服就行。于是，只是简单地换地板，粉墙，换门等小投入，基本上是用信用卡消费投入不到4万。基本的家电家私，也是用租房时旧的，记忆中唯一一件新的东西就是3000多元的一台净水器，之所以在连大厅都没购置新沙发时，便花这笔钱买一个净水器的原因，是我后面会提到的，我更加注意的是健康投资！直到去年年末结婚，两年时间里，家里才陆续更换并配置了一些必要的家私家具。

购房一事，因为首付基本是靠父母，而且又是银行贷款，因而我心里清楚，这房子好比是租房，只是房东变成了父母与银行罢了，另外，房子本身不大，又没怎么装潢，所以我一般很少对外说买房这话，内心也从不以毕业3年，25岁就拥有房屋为喜。

关于房子，我认为，只要是自住的，都可以量力适时出手，在规划好工作发展方向，选好区域，预算资金承受范围，对确定交通便利的楼盘，稍注意楼层、朝向，格局感觉舒服便可以。

八、购买小商铺，选择投资性支出，而不是消费性支出

房子买了两年，每月最大开销就是月供，虽说我的收入随着工作的稳定有一定的提高，但全部收入仅仅够应付房贷、日常开支等。这样一来，女友一人

的收入就成了我们唯一的积蓄来源。我工作的稳定，一定程度上成就了女友可以任意频繁转换工作，在踏入社会短短的4年里，她先后换了8份工作，从开始的打杂文员、外贸办公助理，到后来的业务跟单、小私企单证船务、外国人开的皮包公司翻译等，还好万变不离其宗，所有职位都与外贸相关，在学习并掌握了成套的外贸流程时，也就是2009年，看中一家公司及其产品，正式成为外贸业务员。得益于之前的工作积累，业务也算开展得顺利，业绩很快也有所突破，一年下来提成也有5万以上，就靠她的收入，自买房以来的两年时间里，我们又存了十多万。这笔资金本来可用于三处：

1. 用来提前还贷款。
2. 可用来应付结婚费用。
3. 其他消费或投资。

但想贷款压力最大的前两年都熬过去了（懂行的人都知道，贷款前几年还的都是利息）， 在贷款利率日渐趋高的时期，提前还款就更不划算了。至于用来置办婚礼、出国旅游之类，想想结婚本来是两个人的事，没必要办得过于铺张，况且父母年纪也大了，不能再让二老操心，倒不如来个素婚，趁婚假好好休息为强，在国内稍作游玩便罢，没必要跑出国门，毕竟女友公司每年都有出国参展的机会，而我也经常在国内出差验货，对外出游玩也逐渐失去浓厚兴致，权衡之下，还不如买间小房或商铺出租为宜，而且这也可视作为结婚给女朋友的一个纪念。

有了这个想法，我们便又开始物色房源，可惜房价居高不下，总价太高，要贷款的话，则利率高得让人却步。算下来，最适合进行小金额的投资。偶然的机会，看到一处30万10平方米的小商铺，地理位置还不错，打听下来，之所以单价才3万每平（周边商铺都要五万），是因为开发商会占用头两年时间开发并使用该商铺，经过一番考察，再三思量，我们决定要一套，哪怕收益未知，但我们的想法是，30万的商铺，只要租金有1250元，即年租金回报率有百分之五，也算是一项成功的投资（毕竟现在商品房投资收租回报率不到百分之三，可见再投资商品房是很危险的）。有了这个心理价位，我们狠下心，就进行了这个风险投资。就这样，一下子又把积蓄都放进去了，再一次回到从前身无分文的状态，而且银行的贷款又加重了一倍，说实话，压力还真不小，不过，众所周知，经营企业，理想化的资产负债率在40%左右，这是个较佳的负债率，我想同样适用于家庭经营，有一定的负债，能让资金更好发挥作用，年轻的时候有一定压力并不是坏事，毕竟压力也相应给予我们更大的动力。

基于购买商铺纯属投机性较大的投资，也耗尽了我们大部分的积蓄，我们基本没向任何亲朋谈及此事，包括我父母，他们都是传统的革命老一辈，我们很担心这事会影响他们的心情，让他们担忧我们的经济状况。

以上，便是我近6年来的资金运营，姑且称作“理财”罢。其实面对类似的资金运用，每个人都会结合实际，根据自己的环境与条件有自己的一套，它是生活的一部分，大家都不能避免，都会积极面对，合理分配。我觉得，只要有剩余闲置资金，与其放在银行，不如进行更广泛的尝试。当然，前提是自己要能承受。

九、钱是生活的一部分， 健康、情感、恩德、人品、才智等才是人生更本质、更宝贵的。

在我内心里，我深刻明白，金钱只是人生的一部份，人一生的财富，远不只是钱财，健康是人生财富，知识是人生财富，快乐是人生财富，家庭幸福更是人生财富。我认为一个人，在努力工作，享受生活的同时，注重身体的健康，亲友的关系，提升自我才能品行等等同为重要。要知道，赢得了再多的金钱，如果牺牲了健康，或孝敬父母的机会，或失去其他人生更宝贵的东西（如道德、信誉、人格、责任等）等，都将得不偿失。

先拿健康来说吧，有一个比喻，我一直印象很深刻。健康第一，事业、金钱、地位、香车、豪车等都是其后面的零。没有了健康，你所有的拥有都是零。所以平日里，投资健康才是重中之重，应把闲钱多花费投资于身心健康、合理饮食、定期全身体检等更有意义的事项上，换个角度来思考，这实际上也是一种科学理财，因为只要身体健康，自然能省下一大笔钱（现在看病住院花费高得离谱）。同理，作为一个人，理应多孝敬父母，不要以工作忙或其他为借口疏远老人，应多陪伴、关心父母，定期给老人选择适当的用品、食品，博取他们更多的欢颜等，这同样也是一项报恩的心灵投入……简而言之，“能挣会花，持久发展，全面兼顾”才是硬道理。

在此，希望大家吸取我的投资教训，尽量少走弯路，努力取得更多钱财科学地打理，积极用于支出（比如学习、旅游、交友、锻炼身体等，多给予付出，平衡兼顾投资性与消费性支出），从而尽情享受挣钱与消费带来的人生乐趣，此方为理财之正道。

十、总结得出“时间先后”、“志趣投向”的影响力

时间不能倒流，历史不可假设，但此时我们轻松一下，不妨宏观来游戏我的成长历程。

实际状况。（平稳型）

2006 年毕业马上进入工作状态，购买商业保险。

2007 年购买基金，继而进入股市。

2009 年购房。

2011 年投资商铺，并于年末与女朋友结婚。

假如某人有较好的预见之能，想必他会。（相对精彩的成长历程）

2006 年毕业马上进入工作状态，知道房价将大涨，先筹资买房子。

2007 年结婚，购买商保。

2008 年股票低谷时购进股票。

2011 年再购买基金，投资商铺。

想必如此的安排，在资产方面，目前最少要比我现在所拥有的多3倍以上。

其实，现实生活中也不乏这样的人，这类人一般本身具有较好的资产实力，另有较好的眼光，同时也算得到上天的特殊眷顾。

但同样，倘若命运是以下这样安排，那人生就得再努力奋斗许多年了。（相对普通的成长历程，这个情况若要拥有我目前的资产负债，则需要花费我当初的2倍投入资金才行）

2006 年毕业先工作，后炒股，买基金之类。

2009 年结婚。

2011 年购房。

以上假设充分说明。一个人要想更好的生活，更精彩地经营人生，需要保证多数情况下，正确的时候做正确的事，顺序颠倒了，虽说不致命，但终归会对生活产生消极影响，甚至直接导致结果大相径庭（想想我假设的“精彩”与“平稳”成长历程的差距）。打个简单的比喻，读书阶段，专心学习的人很多现在都能安心看电视、玩游戏，但当年本应学习的时候，却把时间与精力放在娱乐上的，现在可得付出更大的努力与代价去获取“安心”享乐这一权利了。

昵称：看客

年龄：28岁

职业：外贸业务跟单

薪水：朝月薪万元职位前进

专家点评

恭喜这位同学，你的理财观念已经到了“大师”级别，尽管你走了很多弯路，但这些弯路恰好是一笔宝贵的财富，甚至用金钱都换不来。

诚如你所言，理财是日常对待生活的一种习惯与态度，它是建立在稳健收支、平衡发展的基础之上，是对金钱的一种适度把控与利用的价值观。其实理财说到底是一种平衡的艺术，增一分有时压力尽显，减一分则心有不甘，这是人的欲望在作祟，大可不必自责。“看客”的理财观稍显冒险，尤其成为股民后做风险投资的那部分，要知道，风险投资犹如船与水之关系，水涨船才高，但前提是水不能漫过船。我们很多人忽视了这种平衡的关系，尤其是在中国炒股，很多人水漫过船都不自知，后来水越来越大，直至将船倾覆……这是非常危险的理财行为，无论对于风险投资还是其他理财产品。

事实上，40%的资产负债率也非绝对的理想数值，关键还在于你个人如何平衡。别忘了，数字有时也会欺骗人哦。

点评专家：程海涛

简介：某大型求职网站资深职业规划师兼业余作家。

投资篇

新结婚时代——玩转银行服务

80 后炒银路

理财十年：屡败屡战与习惯使然

如鱼饮水、冷暖自知——我的低风险稳健投资之路

我的两次不成功理财投资——总是迟一步

选好品种，养“基”也能获得高收益

新结婚时代
——玩转银行服务

我和小茜还陶醉在蜜月旅行的甜蜜中时，婚假已经结束了，我们又要为了今后美好的生活开始新的打拼了。结束了“自己吃饱全家不饿”的状态，我们一下觉得肩膀上的责任重了，不但要对新组建的小家尽心，还要好好孝敬我们的父母。

不过我们对未来充满了信心，为小家规划了一个5年计划：在原小区再购一套120平米的大房子把父母接来同住，买一辆10万元的车，然后再考虑生个宝宝。

结婚时我们买的是一套60平米的一室一厅的房子，还有35万元的贷款，月还款扣除公积金外还需1000元左右，粗算下来每月要支出7000元（含按揭）。

和很多80后的年轻人一样，我和小茜喜欢旅游，每年会安排一到两次境内或境外出游，两人费用在2万元左右。

计划是美好的，现实是残酷的。当小日子过起来后，我们突然发现婚姻生活并不如电视连续剧里描绘的那般美满与甜蜜。从前赚钱一个人花，现在赚钱两人用，每个月的房贷、信用卡单、物业费、水电费、通讯费等各式账单占据了我们夫妻俩收入的很大部分。一大堆的数字，让原本生活潇洒的我们，不得不为了美好的计划精打细算，这让我觉得生活质量骤然间下降，甚是苦恼。

一边是美好的计划，一边是固定的收入和支出，该怎么完成？

我们的收支状况			
收入		支出	
小宋	8000元/月	日常开支/月	6000元
小茜	6000元/月	房贷/月	1000元
项目提成/年终奖（合计）	10万元	旅游/年	20000元

家庭理财从整合开始

当我们正在为婚后的这个问题犯难的时候，小茜突然想到了当初我们在银行办理贷款时结识的理财师，于是我们带着疑问找了这位理财师。

理财师说，我们现在的特征是经济开始独立，储蓄较少、消费欲望高，责任逐渐增大，未来几年面临育儿、购车等方面问题，开支会逐步加大。所以现在要注意开源节流，为今后的生活做好各方面的理财规划。

他告诉我们，首先要认识到，家庭理财是把家庭的收入和支出进行合理的计划安排和使用。当组成一个家庭的时候，理财规划就变复杂了，孩子的养育费、父母的赡养费、家庭的日常开支、自己将来的养老费、各种家庭保障等等。在进行规划之前，先整理一下家庭财产，有多少存款、多少投资、多少负债、多少固定资产、多少流动现金，然后再制定理财规划。

用活手中资产

听了理财师的建议我开始对家庭资产进行了测算，准备将有限的资产通过合理运用来实现我们的愿望。

我婚前已经积累5万元资产、小茜4万元，结婚后两个人的资产是9万元。对于我和小茜来说，为了保证家庭生活不受突然变动的影响，家庭理财中必须留出一部分应急金存入活期账户，应急金大约为家庭月支出的3~6倍。理财师建议我们，家庭理财中银行卡的使用必不可少，家庭账户尽量统一在一家银行，这样做的最大好处是便于管理，也可以享受银行的贵宾服务。

我和小茜的收入比较稳定，可以将存款用于金融投资，考虑到节省手续费的问题，我们选择通过网上银行进行基金定投，或者购买人民币理财产品。当然今后随着家庭资产的不断增加，投资的金融产品也可以不断丰富，存款有一些，基金买一些，银行理财产品也要购买一些，因为不同金融品种的风险不一

样，有时可以相互抵消，而这些投资产品往往通过一家银行都可以实现合理的配置。

理财师给我们算了一笔账，如果用活我们的节余，就算是5年后仍然只是维持现有的收入，也能有70余万元的资产。

从目前看，除去各种开支，我和小茜每个月仍有7000元结余，针对我们的风险承受能力，理财师建议我们选择两只成长性强的基金进行每月的基金定投，一只股票型基金，一只指数型基金，在基金选择上可以通过参考长期收益排名来确定产品。如果我们每月拿出5000元做基金定投，以收益率8%来计，5年后账户总额将达38.1万元。 而对于每年的年终奖金则可以选择银行的信托类理财产品，目前此类产品的收益率平均都能达到4%，通过计算到了第五年我们可能会有近41.5万元的资产。

购车购房不是梦

对于购车的梦想，理财师告诉我们，虽然现在一年积累的资金已足够买车，但考虑到小孩出生、换大房等将来费用问题，购车可申请银行的个人汽车消费贷款，以我们目前的收支情况应付车贷绰绰有余。如以我们希望购买的10万的车为例，申请3年的还款期，购车时只需支付30%的首付，每月还款金额不到2200元。

某银行汽车贷款	
车价	100000 元
首付款	30000 元
选择期限	36 期（3 年）
月还款	2127 元

至于换房的计划，理财师则建议我们，两年内先不要考虑，由于第二次置业首付比例高，前期需要准备金额较大。如果在两年内实现换房会大大增加家庭负担，等积累到一定量的资金再通过银行贷款实现换房的梦想也不迟。

按照北京统计局对1998年至2008年“房地产价格指数的统计”，房价大概以每年5%的速度递增，目前我们所居住小区房价在2万左右，5年后大概上涨到2.6万，此时120平米的住房售价将达到312万元，首付4成将达到125万。而我们原有住房也将价值156万。

通过5年的投资积累我们可能已经有近80万的资金，但是离首付仍然有45万余元的差距。这时就可以考虑申请银行“个人综合消费贷款”，该贷款可接受房产抵押、保证等多种担保方式，我们将原有住房抵押，抵押率最高可达8成，这样就可以轻松解决购房时的缺口。

不得不做的一些打算

通过理财师的计算，在我和小茜看到了希望，感到十分高兴的时候，理财师则告诉我们有些事现在必须要计划了。

首先就是保险问题，尽管我和小茜都是壮年，但一些风险又是切实存在的，一旦发生，不仅会严重影响家庭心理状态，而且会对家庭的财务状况造成不同程度的冲击。如果夫妻二人收入相差不大，两人都要购买保险，主要可以考虑买人寿险、意外险等。既是为家人负责，也能为养老做准备。保额以年收入的5～10倍再加上家庭的负债和贷款，保费支出不超过家庭一个月的薪资所得。同时针对我和小茜每年安排出境游的计划，理财师还建议我们投保境外保险计划。

至于孩子的教育储备基金，在宝宝出生后纳入考虑，由于教育理财具有时间长、费用大、弹性小的特点，因而年轻的父母需要及早动手。可专门开设“家庭教育金”。每年向里面存入固定金额，这样等孩子上学时，就已经有一笔相当可观的“教育经费”了，也可通过基金定投的方式为小孩准备教育金。

理财师和我们说，刚结婚的小两口，既要面对两个人两种生活方式的磨合，又要面临两种理财观念的碰撞，但是只要心往一处想，钱往一处花，家庭财富就会得到快速积累，我们的生活将会充满阳光。

昵称：小酷子

年龄：32 岁

职业：金融业白领

薪水：年薪 10 万

专家点评

步入婚姻殿堂，直到第一个孩子出生，这是一个快乐的人生阶段。新婚夫妇对未来的生活充满希望和期待，当激情慢慢转化成日趋平淡的家庭生活后，彼此间的磨合往往也需要一定时间。在此期间，夫妇需要一个新的目标，不管在财务上的还是在自身的职业生涯方面的。从财务上说，筹备婚礼，各项支出较大，储蓄变得很困难；婚姻早期非固定支出较大，储蓄不太稳定，但随着时间的推移，支出逐步稳定。婚后大多数人的收入合在一起，而且消费将趋于理性，储蓄也会呈现 U 字形增长。这时适时地制定长期财务目标，将成为婚姻生活的一个稳定器。

婚后对家庭未来目标的明确是在小俩口生活归于平静后的一个重要步骤。双方的目标再次取得一致，有利于家庭在婚后磨合期的稳定。此时家庭财务目标包括对生活方式的中短期安排、购车、购房首付、子女生养时间上的安排等；中长期目标包括房贷还款目标、子女教育目标、退休目标等。在明确家庭目标后，储蓄投资将成为家庭的主旋律，夫妻双方可以根据重大支出的时间来决定投资储蓄的载体。

点评专家：王有

简介：华商基金管理有限公司市场总监。先后就职于平安保险股份有限公司、华晟达投资控股有限公司，银华基金管理有限公司市场部南方区域总监，华商基金管理有限公司市场开发部副总经理。

80后炒银路

王国维在《人间词话》里说："古今之成大事业、大学问者，必经过三种之境界：'昨夜西风凋碧树。独上高楼，望尽天涯路。'此第一境也。'衣带渐宽终不悔，为伊消得人憔悴。'此第二境也。'众里寻他千百度，蓦然回首，那人却在，灯火阑珊处。'此第三境也。"上学那会儿还是懵懵懂懂，没想到在炒黄金白银的道路上，让我仿佛体会到了王国维当年的心境！

初入江湖

2011年6月的某一天。本来想在工商银行的网站上购买沪深300的基金定投的。却无意中看到了黄金白银的投资。对于贵金属业务，我是一无所知，出于好奇心理，在网上简单了解了一下工行的纸白银、纸黄金业务。正好当晚白银在涨，我的账户里有1000来块钱，当时白银的价格是7.11元/克。所以，我买了100克纸白银，两分钟后，白银价格涨到了7.16元/克。我果断抛出，赚到了5元钱。就这两分钟的经历，犹如梦境一般。毕业一年多以来，摆地摊、开网店、出租电动车，我一直都在寻找工作之外的赚钱机会。黄金白银投资24小时交易，这一点深深地吸引住了我。因为我可以白天上班，晚上炒黄金白银，而且我的工作就是软件开发，一天到晚都和电脑打交道，随时可以看盘……当天晚

上，我一宿没睡，想了整整一个晚上，我觉得这是上帝的安排。第二天，我决定了，我要开始炒金了。

纵横疆场

一万八千元，这是我当时除了吃饭之外，全部的家当。所谓无知者无畏，我就这么带着我一万八千人民子弟兵们，浩浩荡荡地杀向了这片未知的战场。白天，写程序写累了，切换到行情走势页面看看行情；晚上回家，又死死地盯着行情走势。记得那时候，只要是欧洲债务一出现问题，黄金白银就是大涨。很多时候，早上一来公司一看新闻，某某国家被标普下跌信用评级了。心里那个美呀，因为我又开始赚钱了。过了几天，做纸白银已经不能让我满足，因为纸白银是100%交易，我总共也就一万八千的子弟兵，打打小战还可以，打大战兵力太少了。所以，我开始尝试做白银T+D。白银T+D是保证金交易，简单的说就是你的钱1000元可以当1万元来用。而且，白银T+D可以做多，也可以做空。不管行情是涨还是跌，只要有波动都可以赚钱。奇妙的是，好多次，我都发现，有段时间，白银价格总在某个价格区间来回波动。就凭着这个区间的价格波动，两个月的时间，我的账户里已经有两万三千元了，平均10%的月收益。看着自己带的队伍如此壮大，一种自豪感游荡于胸间。

生死抉择

“上帝欲让其灭亡，必先使其疯狂。”这句话，我一直铭记于心。所以即便赚了不少的钱，我还是时刻保持着清醒的头脑。转眼到了九月份，某一天上班的时候，我以8400元/手的价格，做多（也就是买涨）两手。然而行情却开始下跌。此时的我，一个致命的弱点是“死不认输”。我赶紧做空（也就是卖跌）三手。白天上班的时候，价格逐步在下跌，等下班回家，价格还是在下跌，等价格到了7600元/手的时候，价格开始趋于平稳。看看我的仓位，3手空单，2手多单。此时的我，面临着炒白银以来最艰难的抉择。

一败涂地

到底应该怎么做，我的内心开始混沌了。此时此刻的我，对于黄金白银的市场，还只是有个大概的了解。所谓的看盘看行情，也就是看看价格是跌还是涨而已。还有就是看看市场上的财经新闻，看看专家们的评论。虽然自己的工作是做技术的，但是我对研究黄金白银的技术却还是有点嗤之以鼻。因为所谓的经验告诉我，不去学习炒金技术，一样赚钱。此时，我的两万多子弟兵们在硝烟弥漫的战场上为我奋勇拼杀。我的内心，那个纠结啊。在这个生死攸关的时刻，我做了一个非常愚蠢的决定。我认为价格不会再跌了，所以将3手空单平仓，净赚2300多块（不过别忘了我还有两手多单呢），然后做5手多单。也就是说我手上有7手买涨的白银。此后几天，白银价格一路下跌，而此时的我没有止损意识，就只知道一味的死扛。总期待白银价格峰回路转，只是事与愿违，到了12月份的时候价格已经跌到了5800元左右。从那天做了错误决定到12月份，两个多月的时间我没有操盘，每天打开行情软件一看，又阵亡了一大批兄弟姐妹，我的心那个疼啊。我第一次体会了什么叫做被套，终于看看上涨无望，做了生平第一次的割肉，原来被套久了割肉一点都不疼啊，终于体会到了中国股市里小散户们的心态。经此一役，我是损兵折将，战后清点人数，还有一万三千多。除了前两个月挣的钱全赔进去之外，自家兄弟折损5000多。战场上尸横遍野，哀声一片，5000多的冤魂在向我哭诉。我有一种拿破仑兵败滑铁卢的悲壮。

卧薪尝胆，收拾旧山河

怕了，我真的怕了，我深切体会到了市场的惨烈无情。但是人可以被毁灭，但不能被打败。失败更能让人看清楚自己。是我这个将领的无能才让这么多兄弟折戟沙场。我对不起那些阵亡的兄弟们。在这个市场里，我只是犹如孤魂野鬼似的乱转，排兵布阵毫无章法可言，失败的命运是注定的。白银市场就是战场，每个交易者都是丛林战士，都需要一把生存之刀。那么，我的生存之刀是什么呢。技术，唯有技术才能让我成为一个好的将领，才能让我在这个战场上生存下去。所以接下来的一个多月，我静下心来，开始研究黄金白银投资技术。越是研究，回忆之前这段时间的炒银之路，就越是感到后怕。市场风云变幻，到处都是戈壁险阻，真是初生牛犊不怕虎啊，前两个月居然还能一直盈利，简直就是奇迹。

从基本面来看，黄金白银的价格，时刻受到国际消息的影响。供求关系、时代战争、金融危机、通货膨胀、美元走势、石油价格、各国央行黄金白银储备等，都会对其产生影响。更难以预计的是，你永远不知道，这些影响是正面的还是负面的。例如，前几个月欧洲债务一旦出现危机，黄金白银就是暴涨，近段时间，欧洲一旦有什么不好的消息，黄金白银就是下跌。为什么呢？原因很多，最主要的还是和所有参与者的投资心态有关系，有时市场参与者避险情绪占上风，有时恐惧担忧情绪占上风，这就是人性，永远让人捉摸不透。

从技术层面来看，做黄金白银交易，就是打一场局部的战争。交易者就是这场战争的统帅，我们的资金就是我们的士兵。下单之前，我们要从形态学上去把握，形态又分好多种，头肩形、W底、圆弧底等中长期形态，三角形、旗形、箱形等短中期形态。每种形态又有不同的操作策略。此外，我们还要参照MACD、KDJ、RSI等指标。整个交易的过程是一个严密的系统，资金的管理，仓位的控制，入场点在哪里，出场点在哪里，止损点在哪里。这一切的一切，在下单之前都要做到心中有数。孙子曰：兵者，国之大事，死生之地，存亡之道，不可不察也。

当我自以为学会了十八班武艺，摩拳擦掌，准备为我死难的兄弟们报仇的时候。第一次做单，亏损，第二次做单，还是亏损，第三次还是亏损。虽然，学会了止损，学了仓位的控制，但是也折了些许兄弟。我开始有点困惑了，为什么呢？为什么那些形态，那些指标，好像都不管用了呢？为了保险起见，我只做模拟盘，没有进行真正的实战。一个星期过后，一结算，还是亏损。在这个过程中，我慢慢地明白了，技术本身并没有错，只是我还不能把它们进行融会贯通、灵活地应用。武侠小说里，但凡上乘的武功，重要的不是招式，而是内功心法，所谓“无招胜有招”，大概就是这个道理吧。炒白银也有内功心法，我叫它“做单守则”。因为人性都有弱点，在这个充满诱惑的市场里，很容易迷失自我。所以，我们需要“做单守则”来时时提醒自己，让自己保持清醒的头脑。我用六句话来总结我的内功心法：“参考所有趋势，合理地快进快出。不贪心，积小胜利为大胜利。重仓不过夜，资金落袋为安。下单前判断利润空间，无利润小利润不做。严格遵守做单守则，注意入场点、出场点、止损点。参考基本面分析。”

后记

功夫不负有心人，我慢慢地开始顿悟了，虽然现在没有获得太大的收益，但是我不再害怕，我相信我能在这个市场中顽强地生存下去。路漫漫其修远兮，吾将上下而求索！

昵称：小无锡
年龄：27 岁
职业：软件开发
薪水：月薪 7000 元

专家点评

这位 80 后生动形象地描绘了参与白银投资以来的心路历程，可谓之波澜壮阔。在“白银帝国”里，他拥有了精彩的投资人生：从懵懂到初胜，从彷徨到惨败，从顿悟到坚持，作者一直都希望找到能够让财富升值的最佳通道。

应该说，作者已经树立了初步的理财观念，并选择白银投资作为资产增值的方式。然而我们也应该看到，在贵金属市场令人垂涎欲滴的高收益背后，其巨大的风险却被多数人所忽略。国内的贵金属市场刚起步，目前可以进行贵金属投资的方式主要包括实物投资、账户金（银）投资、上海黄金交易所 T+D 黄金（白银）投资以及上海期货交易所的黄金期货投资。其中后两者都是拥有高杠杆的高风险投资，因此在收益成倍放大的同时，风险也被相应扩大。贵金属市场的风险往往高于投资者的预期，贵金属市场中，很多投资者的结局往往是适度亏损，甚至严重亏损。

但作为抵御通胀以及潜在高收益的良好投资品种，贵金属投资在普通家庭资产配置中仍然占有一席之地。一般来说，实物投资占比保持在 5% ~ 10% 之间，具有杠杆的贵金属投资占比按照投资者风险偏好有所不同，但总体而言，不建议超过5%。而作为事业刚刚起步的80后，财富的积累是主要目标，具有杠杆的贵金属投资不应作为资产配置的重点，而是补充，且需要根据投资者风险偏好确定，占比应压缩在1%～2%。白银虽好，需君谨慎。

点评专家：王有

简介：华商基金管理有限公司市场总监。先后就职于平安保险股份有限公司、华晟达投资控股有限公司，银华基金管理有限公司市场部南方区域总监，华商基金管理有限公司市场开发部副总经理。

理财十年：屡败屡战与习惯使然

迈过三十岁的门槛，我的生活一点点步入正轨，回想从十几年前独自一人来到这个陌生的城市，到现在拥有小小的一片天空，并开始实现看世界的梦想，我就有了一点小小的幸福感，而这笃定的幸福，是从攒钱开始的。

从不爱钱到攒钱的改变

我来自西南地区的一个小县城，家境并不富裕，甚至可以说略有些窘迫，但父母教会了我对自己的人生负责，从小到大，母亲对我说的最多的一句话就是“你一切要靠你自己”。小的时候，我对钱是不太感冒的，虽然家里不富裕，但也没觉得钱有多重要，这个观念一直持续到我上班都没有改变过。上大学的时候，父母给的生活费勉强够花，但要想在吃饭之外有更多的花费，就得靠自己挣了。虽然捉襟见肘，但我通过做家教、促销等补足了自己的花费，一度还攒钱和同学一起买了台电脑，所以大学期间的生活，可以自给自足来形容，但那个时候，脑子里面从来没有理财的概念，也没想过存钱干什么，只觉得钱够花就好了。

直到念研究生，情况才稍稍有改变。当然这要得益于前男友，前男友是典型的超前消费的人，有五分花一块，总是梦想着什么时候发大财，挣大钱（这也许是多数男人的个性吧，最后我们分开也是因为同样的原因，我始终认为脚踏实地的生活才是真实的）。跟他在一起后，总觉得经济压力很大。因为念的是公费研究生，没有学费，每个月还有补助，所以没有再问家里要钱，面对身边人入不敷出的状态，总觉得无以为继。研二那年，我毅然决定去上班，因为课程已经较少。记得刚上班时，每个月工资是一千二百元，领完工资后，没什么感觉就花掉了，现实教育了我，从那时开始，我明白了钱对于人生的意义，也开始了攒钱的生活。

说起来容易做起来难，一边是花钱如流水的男友，一边是略显拮据的收入，但我挺自豪，一直没有再问家里要过钱就顺利地完成了学业。研究生毕业之后，我终于找到了一份稳定的工作，开始了朝九晚五的上班生活。

刚上班的日子，公司给的工资也是可怜的，那时已经是2004年，每个月的收入也就2000元出头，公司的福利比较好，有公积金之类的，但因为我没有买房，所以这些钱是看不见的。就这仅有的2000多元，我不仅要负担自己和男友的日常生活（那时，男友已经买房，他的收入要用来还房贷），而且还要随时去填补男友消费上的窟窿。即便如此，我也要求自己每个月要节省存钱，不知道从哪里继承来的秉性，我对消费有一种天然的克制，每年下来都能省下钱。记得那几年基本上没买过衣服，穿的都是公司的工服和上学时的衣服，而旅游更是没有过。现在想想，很庆幸自己当时的决定，手有余粮，让我在面对生活变故的时候可以很坦然的处理，有退路的人生，也许是更好的决定。

一开始就是失败

在攒了一笔钱之后，当然实际上不多，我开始寻摸有什么途径可以增值。2005年和2006年的时候，基金莫名其妙的就火了，当时的情况是买什么赚什么。记得当时周围的同事都在说买基金赚了多少，赚到百分之五十以上的人比比皆是。在火热的氛围中，我也开始把仅有的积蓄取出来买基金了。在自认为悉心的研究之后，我选择购买老牌基金公司（也就是现在的“五大”，嘉实、南方、易方达、华夏、博时）的基金，而没有选择当时特别火热的小基金公司的基金。当年最火的记得是中邮优选，好像当年就翻倍了，当时还特后悔为什么没买中邮。在辛苦的翻阅资料和到处打听之后，我买了易方达的股票基金、南方的货币基金，特别值得一提的是嘉实海外。在学习理财的路途中，我明白一个道理叫做分散风险，说鸡蛋不要放在一个篮子里。比如买基金，既要买国内的又要买海外的，这叫分散风险。当时我还很自得，跟身边好些朋友讲了这些道理。嘉实海外发行的时候，我是首批申购的，买的人那叫一个多啊，我申购了一万块钱，只中上了6000多元的份额。但自我买完嘉实之后，2008年金融危机就来了，到现在都还没结束，所以我的嘉实从申购成功就亏损到现在，这个事情现在还成为朋友们嘲笑我的话题之一，实在是让人深刻的教训。申购嘉实余下的4000多元，我也没闲着，因为有没有买小基金公司的缺憾，我在当时又得意地去买了华商公司发行的第一款基金。结果当然你也猜到了，股市从六千点暴跌之后，我的这笔投资同样也打了水漂。

幸福总是昙花一现，在“530大跌”之后，我原本赚了一点小钱的基金（易方达）也进入了亏损，只剩下货币基金还没亏掉。而且随着全球经济的衰退，这些钱现在都还在基金公司的账户上趴着。如今收到这些对账单，我都要安慰自己，理财嘛，总要交点学费的，只是我现在在想，我到现在都还没有止损，是不是太不专业了？！

买房意外的惊喜

世事总是难料，在结束一段恋情之后，我才发现自己在这个城市还是无容身之所。在租房住了一段之后，我有了买房的打算，看看自己的存款账户，我庆幸自己在第一段感情里面还是清醒的，至少自己的账户是独立的，虽然为男友贡献了大部分收入，但好歹省下来一笔可以安家的费用。就这样，我在收拾心情之后，走上了看房买房的历程。庆幸的是，我决定买房的时间是2008年，而从开始看房到买房大概用了一两个月，到2008年5月，我就拥有了自己的蜗居，当时有同时看房的朋友，因为看的房有租约延后了半年，结果2009年房价就跟坐上了过山车一样，疯涨到天上了。

记得当时看的房子有两套，都是小户型，二三十年的老房子，一套在公司附近，房主是一对母女，另一套在我熟悉的生活圈里，但房型和质量似乎都不如公司附近的房。第一套房我们双方的价格差距在一万元左右，但那对母女对于房价很执著，如果买了这套房子，交完房款应该就没法装修了。另外还有件颇为奇怪的事，房子登记的房主似乎不是那位母亲，好像是他们家孩子的父亲，但父亲从来没有在我面前出现过。囿于这些原因，我当时放弃了这套房子，而选择了后一套在熟悉的生活圈的房子、房价也相对便宜了两三万左右，当时很快就买完装修入住了。住到自己的房子里，虽然是老社区，房子也破，但有家的感觉，真的是很不一样的，至此我才明白中国人为什么喜欢买房。

现在看来，我颇有些自豪，认为自己是很有决断力的，当然更多的是感到幸运。2009年下半年，房价突然之间就蹿升了50%以上，而且到现在都没降下来。我在2008年买的那套小房子，目前市场价格已经是我买入价的一倍以上，而这仅仅是两三年的时间，疯狂的市场，不是吗？

再说说朋友的故事，朋友有一笔闲钱打算买房投资，选择了跟我一样的小户型，因为好出租。当时看中了两套挨在一起的房子，准备买过来再改造成单独的。这套房子因为房主要两套一起卖，所以房子一直没有卖出去。在看完房子，交了订金，签署合同后，房主要求将半年的租约履行完毕，我的朋友也同意了。结果不想2009年下半年，房子就开始疯涨，这两套小房子市价大概涨了20万。因为还没交房，房主就想毁约，再卖高价。这样的事情，朋友当然不会同意，最后去了法院，但也只是退还了订金，房子还是没买成。所以，有时候，也许我们莫名奇妙就上了幸运快车。

迄今为止，这套小房子是我最成功的投资，前提是房价保持现状的基础上。其实我也没想过要通过房子赚钱，只是现实需要有住的地方。

理财，钱生钱的游戏

到了2010年，突然间发现投什么好像都不赚钱了。欧债危机，希腊政府破产，国内经济通货膨胀，出口下滑，如何跑赢CPI的重重压力更是让人感到喘不过来气。经过了这些年的折腾，我也已经从一个理财菜鸟成长为略知一二的所谓熟手，虽然投资战绩仍然是摆不上台面，但对于基金、股票、债券、黄金也能说上个一二了。在基金的惨烈亏损之后，我开始了自己炒股的生涯，并自己定位为长期的价值投资者，其实并不懂得什么是公司基本面，财报更看不懂，真正操作的时候只有三个字“凭感觉”。买的第一股是招行，因为是招行客户，感觉还好，在金融股起来的时候赚到了10个点，因为本金少，所以实际收益不高。第二支股是华谊，因为喜欢看电影，所以看好文化产业，而华谊又是国内颇有实力的传媒股。买入价钱是在发行价左右，拿了大概半年多，一直没有多大起色，后来实在耐不住寂寞，卖了，没亏也没赚，可能一两个点吧。可我卖掉之后，腾讯就入主华谊了，2012年中央提出鼓励文化产业发展之后，华谊更是一飞冲天，如果持股到现在，好歹能赚20个点以上呢。事实证明，炒股要耐得住寂寞，要相信自己的判断。华谊之后，我受不住所谓的热门消息蛊惑，自认为明智地进了一只高铁股，结果赔了20个点出来。后来我又自作聪明地买了另一支股价曾经翻过几番的热门电子信息股票，在股市回到十年前的时候，我的账户亏损已接近50%，事实又一次教育了我，跟风炒作的后果是什么。承认自己不是炒股的料之后，我把炒股的资本都留给了在股市沉浮近十年的亲戚操盘，基本上远离了股市。

2011年，货币从紧的声音让我开始购入银行理财产品。现在发现，这似乎是一条很好的短期投资渠道，时间灵活，收益也略高于银行存款。当然银行理财产品也有巨亏的，那种动辄好几十个点收益的还是不碰为妙，但购买理财产品基本上可以实现钱生钱的目的，缺点还是收益太低，也许还是跑不赢CPI，但总比一分不赚好些呢。如果看不清方向，现金为王应该是最好的选择吧。而这几年各种理财产品折腾的经历，也已经逐步改变了我的行为习惯，我开始主动关注一般人认为晦涩的财经新闻和政治要闻，订阅杂志学习理财，登陆网站关注各类理财产品。我想，这应该才是自己开始理财以来最大的收获。

回顾自己这十年来的生活，虽然离社会所认为的成功标准还有相当的距离，但我对自己还是比较满意的，毕竟我已经逐步地实现了自己的梦想。而理财也已经不自觉地成为了我生活的一个部分，虽然没挣着什么大钱，但理财已经改变了我的思维和行为，让钱生钱，已经成为了我新的生活目标和身体力行的实践。未来能走多远我不清楚，但我坚信，依靠自己的人生，才是幸福的坚实的人生。

昵称：Fernnk
年龄：34 岁
职业：公司职员
薪水：年薪 10 万

专家点评

作者的成长历程非常具有典型性，其对于理财的感悟代表了绝大多数同龄人的状况：第一次拿到工资就挥霍；随大流买入基金；因为安家而购置房产；因为基金亏损而开始炒股；因为了解国家政策而开始购买银行理财产品。一路走来，辛酸与喜悦并存，失败与成功相随。我想，作者收获的不仅是收益，而是对理财更深的理解。

“让钱生钱，已经成为了我新的生活目标和身体力行的实践”，朴实的话语，道出了作者心声。我们都知道，“你不理财，财不理你”，树立正确的理财观念才是钱生钱的基础和前提。而正确的理财观念应该包括以下三方面。

一、理财是生活

理财不是一项业务，办完就走；也不是一份工作，做完就结；更不是一种投机，赚完就跑。理财应该融入到生活中，成为投资里的“柴米油盐酱醋茶”，这其中包括阅读财经新闻、了解宏观政策、关注国内外动态等，作者写下的“而理财也已经不自觉地成为了我生活的一个部分”则说明她已经做到了这一点。

二、“不要把鸡蛋放在一个篮子里”

分散投资想必大家都非常熟悉，甚至经常在耳边响起，然而真正做到者寥寥无几。从作者的投资历程也很明显看出这一问题：在每一段时间内都集中于一种投资品种，即或房产投资赢得了较高收益，但我们应该认识到，真正的分散投资是在每一段时间内都应该有合适的资产配置，并根据自身的净资产和现金流变化进行定期检查和调整，从而获得长期稳定的理财收益，真正做到“钱生钱”。

三、不以物喜，不以己悲

理财更需要的是平和的心态，急功近利必将一事无成。举例来说，在目前市场低迷的情况下，很多投资者因为亏损而停止了基金定投，殊不知目前正是基金定投的较佳时机，能够通过赚取更多的份额而使“筹码”变得更多。因此，我们在理财时，一定要“淡定”。

点评专家：王有

简介：华商基金管理有限公司市场总监。先后就职于平安保险股份有限公司、华晟达投资控股有限公司，银华基金管理有限公司市场部南方区域总监，华商基金管理有限公司市场开发部副总经理。

如鱼饮水，冷暖自知

——我的低风险稳健投资之路

引言

如果不是那位漂亮客户经理的坚持，或许我根本不会踏入股市，更不会走上这种“非典型”的股市投资之路。从2007年入市到现在，一路走来，颇为艰辛，但回想起来却有一种说不出的愉悦感。如鱼饮水，冷暖自知，简单几个字算是为几年的“投资”经历做个小结。

一、初入江湖

或许是性格使然，我的投资之路一开始就与众不同。2007年著名的“530半夜鸡叫”之后，我经不起一位漂亮女证券代理的软磨硬泡，一头扎入茫茫股海之中。从一开始我就选择马钢权证作为标的，几天之后，恰遇认购权证的集体涨停，短短几天我的第一次投资在误打误撞之下竟然收益超过20%。首战大获全胜之后我便陷入其中不能自已，只是运气不会一直眷顾同一个人，接下来的几次操作损益参半。现在想想从530入市到大盘攀升到6000点高位这段时间可以算做是我投资之路的启蒙阶段，这阶段操作基本靠运气和感觉，觉得好就买觉得不好就卖，就这样，懵懵懂懂的我的投资之路起步了。

二、经历起伏

经过前面启蒙教育之后，我开始逐步加大投入，包括财力和精力。这段

时间大概持续了2～3年，期间大盘起伏跌宕，而我在这起伏之中将大部分业余时间都放在所谓的研究学习之中。我购买了大量的股票投资学习的书籍，中国的、西方的、民间高手的、正牌投资大师的；讲技术的、讲形态的、讲心态的、讲哲学的。现在想想真有点滑稽：在股市之中，我就像病重的患者，不管中医西医开的药，拿来就吃，吃了就吐，吐了再换……可惜这么多种药物下肚，我始终没有找到对症的。基本面选股法、均线选股法、趋势选股法、新闻消息选股法等各种股票投资方法我看了很多，试了不少，却无奈随着大盘的调整震荡，始终没有找到符合自己的操作模式，这个阶段是我的摸索阶段，可惜这段路太黑，走起来很辛苦。

三、找寻方法

在经历了起伏阶段的追涨杀跌之后，感觉钱没赚反亏，而且人更加劳累。在2010年之后，我逐渐减少了操作，把更多的时间精力放在观察、思索，以及在网上一些知名论坛的学习之中。在漫长的找寻、探索、总结、尝试之后，我逐渐探索到一条低风险投资之路。我总结为“一新二债三套利”的投资方法。

一新，即打新股

自2009年新股IPO重新放闸之时起，新股上市首日涨幅不容小觑。作为普通投资者如何参与其中获取收益？这里跟朋友们分享一种操作模式——打新股：通过在新股申购日集中资金网上申购，参与新股发行一级市场，等待配号、查询中签之后，在新股上市首日卖出获取收益。此种收益较为偶然，且需要一定资金量（一般意义上认为单个账户打新资金在50万较为合适），但如果选择时机、标的准确，坚持下来收益亦比较可观。网上一项调查数据显示：对于2009年9月1日以来（截至2012年3月15日）上市的746只新股，统计其首日涨幅可以发现，破发的新股仅有109只，占比15%。而且所有新股的平均首日涨幅高达37%。毫无疑问，打新成了可靠的盈利途径。或许偶尔会遭遇破发，但只要坚持打新，适当回避定价偏高的新股，或者在新股表现低潮期暂时收手，长期整体而言跑赢CPI显然不在话下，如果运气好的话甚至可以跑过M2。根据网上论坛网友交流及结合自身体验来看，资金量在50～100万的朋友在2009年、2010年、2011年打新平均年收益在8%～12%之间。但需要特别说明的是，打新并非一本万利，特别是现阶段新股发行定价、首日限制涨幅、临时停牌等各种监管新政连番出台之后，打新收益远不如从前，甚至随着近期新股上市连续破发，部分“坚定”打新者损失不小。统计显示，自2009年下半年IPO再次开闸后至2011年底的两年半时间里，我国A股一级市场共发行新股730只，上市当日即告破发的达到103只，占比14.11%。而这当日破发的103家公司中，上市首日股价平均下跌幅度为6.56%，跌幅同样惊人。所以打新并非稳赚不赔。那么如何来判断新股的投资价值，以避免盲目买卖新股，同时又能从真正有投资价值的新股中发现投资机会呢？作为普通散户投资者如果没有那么多时间精力进行系统分析，我们可以对新股发行的几个重要指标重点分析筛选。

1. 发行价格和市盈率

一般而言发行市盈率直接决定了新股上市首日的安全边际，同样两支新股上市，市盈率10多倍的显然比几十倍的安全边际高，同样，新股发行价格具有同样的属性。根据以往经验，低市盈低发行价格的新股在上市首日的破发率显著低于高市盈高价股。

2. 流通盘

流通股本过大和过小都不利于市场的炒作。选择打新的标的时应观察公司的股东情况，即什么样的公司机构，大股东是什么人，还要看大股东间持股的比例如何。

3. 题材

市场资金是很容易“喜新厌旧”的，特别是在后续新股不断上市的时候，新股很快就会变成旧股。通过分析历史行情可以看出，能够在上市后得到充分炒作的新股不仅仅凭借“新”，更重要的是与其本身所具有的各种概念有关。投资者根据招股说明书分析新股的时候，需要注意公司的经营范围、所处行业、在建项目和募集资金用途，从中发现市场容易感兴趣的题材。一般而言，新疆、西藏、内蒙、青海等边疆板块股更容易受市场追捧，而对于科技类、生物类、园林类、资源类、独有类、无形资产、第一上市、央企概念等新股我们亦可以着重关注。

4. 大盘走势

任何新股上市或多或少的都要受大环境影响。统计显示在大盘持续走熊阶段新股上市首日破发率十分惊人，所谓“倾巢之下，焉有完卵”，选择打新之时机非常重要。当然如果我们对大势判断不准，还有一个简单的方法，即近期新股走势，一旦有新股破发，即可减少甚至暂停打新，等后期发行的新股市盈率发行价格等明显回落后再择机入场。

二债，即买卖债券

1. 债券种类

债券按不同的种类可分为记账式国债、凭证式国债、企业债券、可转换公司债、金融债券、央行票据等，我们这里只简单讨论二级市场上可以买卖的债券，即交易所债券市场。

2. 债券收益

投资债券，到期收益率（YTM）是最重要的参考指标。到期收益率是使债券上得到的所有回报的现值与债券当前价格相等的收益率。它反映了投资者如果以既定的价格投资某个债券，那么按照复利的方式，得到未来各个时期的货币收入的收益率是多少。

示例如下：

以中关村债券为例，2012 年 2 月 10 日，该债券以实时成交价 93.8 元来计算到期回售收益率。在行情软件中按 F10 我们可以查之，中关村债券发行日期为 2010 年 8 月 26 日，债券存续期为 6 年，存续期内每年 8 月 25 日为利息登记日，8 月 26 日为利息支付日。固定利率按年付息，每百元面值所得年利息为 5.18%，发行第三年的 2013 年 8 月 26 日可回售（可视为 2013 年 8 月 26 日把债券回售给发行方，发行方给付本金利息，相当于持有到期的 3 年期债券）。

2012 年 2 月 10 日以 93.8 元净价买入，实际买入成本 =93.8 元净价 +2.40 元应付利息 + 手续费 =96.2 元。

买入后持有到 2013 年 8 月 26 日回售给发行方则持有剩余年数约 1.5

年。

到期回售税后利息 = 5.18 × 2 × （1−20%） = 8.29 元

到期回售后每张付本金 100 元。

年化税后收益率：（100−96.2+8.29）/96.2/1.5=8.38%。

从到期收益率，我们即可简单得到投资债券并持有到期的年化收益率。当然我们作为普通投资者如果时间有限，在许多财经网站上都有各个债券的YTM，投资者可以据此选择投资标的。

综上，我们可知买入债券其核心在于发掘高YTM的安全债券，买入持有来获取收益。目前市场的债券YTM普遍在6%～8%（税前），只要规避债券信用风险，在二级市场上的债券投资也是我们稳健投资的一种思路。

三套利股

相比上面两种，这种操作模式风险收益系数均较高，同时要求投资者具有一定的财务知识。具体方法即为选择在公开市场中有明确的要约收购、吸收换股等题材的股票。这时投资者可以根据公告协议收购价或换股价，观察标的走势，同时结合大盘趋势，紧盯协议时间节点，从而进行股票套利操作。为了更好地说明此种操作模式，结合目前市场上几支套利标的我们进行简单举例演示：

我们以目前尚有套利空间的全柴动力来分析。

2011年4月28日，全柴动力公告发布要约收购报告书。报告书中表示要约收购因江苏熔盛重工通过产权交易方式受让全椒县人民政府所持全柴集团100%的股权，从而成为全柴集团控股股东，并通过全柴集团间接控制全柴动力44.39%的股权而触发。之后全柴动力先后在8月9日和8月31日发布提示性公告，宣布商务部反垄断局和国资委批准，只要证监会通过，那么全柴动力就可以宣布进行要约收购。

从收购方来看，江苏熔盛是H股上市的熔盛重工控股96.06%的子公司。江苏熔盛将以16.62元/股的价格，启动对非全柴集团所持全柴动力股权的要约收购，收购最高价将为26.19亿元。

要约收购书中表示，江苏熔盛重工是以海洋装备制造为主营业务的企业，是经国家发改委核准兴建船坞的大型造船企业，主要从事造船业务和海洋工程业务。江苏熔盛重工2010年底的总资产达到了308亿元，净资产也有接近90亿元，资产负债率70.83%，2010年的净利润超过13亿元。

值得注意的是江苏熔盛始终强调，要约收购不以终止上市公司的上市地位为目的。但是自2011年四季度以来股价一直低于约定的要约收购价，那么一旦要约收购获得证监会批准，一定会导致大量的投资者以更高的要约收购价将股票卖给大股东。这样一旦社会大众的持股数低于股本总额的10%，上市公司将面临股权分布不具备上市条件的风险。

这样就给我们提供了理论的套利空间：因目前全柴动力股价低于要约收购价，若获证监会批准投资者可以直接将股票卖给大股东从而获取相对稳定的收益；若股价大涨则可以在二级市场上直接卖出。

目前套利全柴动力最大的风险则是江苏熔盛的违约风险，而江苏熔盛之前为要约收购已经投入各类保证金11.54亿元则在一定程度上削弱了这种风险发生的可能。

投资者可以根据市场上公开信息了解风险收益比率，从而制定自己的投资策略。

（附目前存在套利可能的股票）

股票代码	股票名称	股票现价	换股价、收购价及其他	备注
sh600782	新钢股份	5.07	4.55	转债回售触发价（下调后）
sz000710	天兴仪表	11.14	9.64	要约收购
sh600779	水井坊	23.46	21.45	要约收购
sh600218	全柴动力	15.44	16.62	要约收购
sh600332	广州药业	12.77	12.2	换股价 & 异议股东现金选择价
sz000522	白云山A	12.04	11.55	换股价 & 全体股东现金选择价
sz000501	鄂武商A	15.88	21.21	部分要约收购

结语

笔者2007年懵懂入市，经历过2007年最后的疯狂牛市，遭受过2008～2009年漫漫熊途，忍受着在目前A股市场进行价值投资的困顿，也体会过运用各类技术分析徒劳后的迷茫痛苦。万般无奈之下，也是机缘巧合之中，于茫茫网路之上了解低风险稳健投资方法，以上三种模式只是在网路上各种牛人无私分享中“窥窃”习得，学业尚不精，唯恐误人子弟，然叹此种低风险稳健投资方法之所妙，便斗胆献丑以求指正。其实低风险稳健投资方法又何止这三种模式所能囊括，笔者只以粗陋知识为投资者提供一种思路罢了，倘若有看官觉得新鲜且不乏味，愿意做些尝试，也就不枉几日来费力码字之苦了，是以为记。

昵称：hikealone

年龄：30岁

职业：教师

薪水：年薪6万元

专家点评

“一新二债三套利”——作者从2007年初入市开始一路走来总结的投资方式，融入了自身大量的思考和心血，令人颇感羡慕和欣慰。作者是极具有钻研精神和研究能力的投资者，从对于股市和债市的一无所知，到掌握大量资本市场专业知识以及案例，他的用心良苦我们都能感受到。

作者或许是一位真正的低风险稳健投资者，又或者是一位潜在的能承受高风险的激进投资者。为何如此说？一般来说债券投资具有低风险稳健收益的特点，为广大低风险稳健投资者所热爱；而新股申购以及股票套利的投资方式却仍然是有较高风险和较高收益的。当然，不管作者是属于何种类型的投资者，最终目的都是希望能让自己的财富保值增值。

财富保值增值的关键点在于资产配置。资产配置的重要性已被广大投资者所认可，合理的资产配置包含两个层面的内容：

第一层面是大类资产配置，即投资者需要根据自身情况将资产在保障资产和增值资产进行分配，保障资产主要包括现金资产、各种存款及理财产品、各类保险；而增值资产则包括股票、基金、债券、贵金属等。第二层面是每一类资产中各投资品种的配置，即投资者需要根据自身情况将保障资产和增值资产中的各部分进行分配。本文作者所阐述的是投资品种的配置问题，即第二层面的问题。

从增值资产来看，目前国内的主流投资品种仍然集中在股票、债券和基金三种，其中基金主要以股票和债券为标的进行投资。从风险和收益角度来说，股票风险最高，但潜在收益最高；债券风险最低，但潜在收益亦最低；基金的风险和收益则介于两者之间，属于中等风险和中等收益的投资品种。因此投资者在选择投资品种前，需要了解自身承受风险能力高低，在三个品种间进行合理调配。一般而言，按股票投资比例从高至低来看，年轻人高于中年人，老年人最低，债券则相反。

自身风险偏好的准确认知、合理的大类资产配置、适当的投资品种配置是成功理财的关键要素，可谓“知己知彼，方能理财百胜”。

点评专家：王有

简介：华商基金管理有限公司市场总监。先后就职于平安保险股份有限公司、华晟达投资控股有限公司，银华基金管理有限公司市场部南方区域总监，华商基金管理有限公司市场开发部副总经理。

我的两次不成功理财投资——总是迟一步

序言

有了闲钱就要投资，避免货币贬值，是现代社会的理财理念。普通人投资方式常见的不过是银行储蓄存款、股市基金、贵金属及艺术品几种。然而，要掌握理财投资方式却是不容易的。

投资是一门高深的技艺，要求投资者有眼光、胆量和把握好时机。否则，人人都能投资，人人都发财了。天上不会掉下金元宝来。投资其实就是参与财富再分配的博弈，而不论何种方式，跟风投资往往是没有收益甚至会有损失。能做庄搅动市场的毕竟是极少数人，普通人只能是跟进或退出。这就要看你的眼力和运气了；没有赌一把的心理准备，是没有胆量投资的。有一点是清楚的：发财是少数人的事，投资成功也是少数人的事。我的两次投资，都是失败的。

第一次投资：买基金

基金在中国出现时，并不为大多数的人知晓，2006年以前其表现一直平平，到了2007年随着沪深股指突然一路走高，基金一下子也火了起来。据当

时统计，2007年上半年41家基金公司247只基金实现经营业绩5203.44亿元，接近2006年全年基金经营业绩的两倍。巨大的赚钱效应吸引了数以万计的个人投资者涌入。数据显示，截至2007年6月30日，开放式基金持有人总户数达到2827.56万户，较上年末增加了2234.47万户；基金总份数达到8117.69亿份，较上年末增加5226.27亿份。其中，个人投资者持有的份数为7188.08亿份，持有比例高达88%，较上年末增加15.5个百分点。

自2007年6月14日，证监会明确基金公司从业人员可以投资开放式基金后，短短半月内，就有23家基金公司员工对旗下89只基金进行了申购，份额总和高达3642.46万。其中，最受追捧的还是偏股型基金。

2007年，中国改革开放、经济发展到了辉煌的时期，市场的热情被迅速提高，上证综指从2800多点直逼6000点。股市将达到8000点甚至10000点的预测甚嚣尘上，虽然股市充满泡沫风险的说法也不绝于耳，我以为经济还在迅猛发展之中。而股市是经济的“晴雨表”嘛。

在这种气氛下，我想不买基金都不行了。经过精挑细选，选出十多个基金开始出手了，分几批购买了十二只基金，先后投入十数万元。第一只基金买进时已是2007年10月18日了。在这之前，16日股市到了6124点开始掉头向下。当时并不在意，只认为是正常波动。然而，从这一天后，股市就再也没有回升过，基金净值也在一天天往下掉。

之所以拖到这个时候，有两个原因，一是做为企业的管理人员，空闲时间不多，二是对基金这东西不了解，找书上网查阅研究，几个月时间不觉而过。

基金不过才买了几天便随着大盘下跌，基金净值也不断下跌，偏股型基金的业绩全线尽黑。这意味着，我才买入基金悉数被套。据统计，在10月16日至10月24日期间，在可比的268只开放式基金中，除了个别基金暂时勉强维持住未跌外，其余的偏股型基金净值几乎全线下跌，即使是债券基金也难逃净值下跌的命运，已有77只、占比近三成的开放式基金的净值累积跌幅超过大盘。30余只债券基金中，除了大成债券A、C外，其余尽数下跌。7只基金的单位净值跌破1元，其中包括日前首次公布净值的QDII产品——新发基金嘉实海外中国股票基金。半年后上证综指跌破3000点，直泄到2008年10月28日的1664点才止住，一年时间，下跌幅度超过72.8%，成为全球跌幅最大的股票市场，股市蒸发市值超过16万亿。随后最高时回升到3400点，到现在一直维持在2300～2200点之间。2008年，引发世界金融危机的美国，其股市也才下跌17%。

我买的十二只基金净值降幅基本上都在50%左右，当时想，才买就赎回，也没什么意思，就这样一直放着。至于现在什么情况，不知道，也懒得去查，现在股市大盘如此，亏是亏定了！

第二次投资：购住房

中国的房地产市场从它诞生的那天起，就不算正常，在受到政府控制和CPI拉抬相互挤压之下畸形发展。国务院2003年提出的6条调控措施，2005年制定的国八条，2006年制定的国六条都是针对房地产的，但并没有控制住房价。

从实物分房到购买商品房，那时只有没能力分不到房的人才去买房。可没有几个买得起的，于是，单位集资建房、单位补贴购房等方式出现了。随着通货膨胀越演越烈，价格高企的住房有了保值增值的功能了。虽然购买一套房子，起码要10年左右价值才持平，但不失为一种投资的方式。因此2006年以后，房价一路走高，2008年再次受政府调控，有所回调，2009年底，随着刺激经济发展的大量资金投入到房地产中去，房价又开始迅猛上涨。

2010年底，本人也跟风购买了一套住房，面积142平方米，价格162万元，位于二三线城市的西部某省会城市。购房耗用了全部积蓄77万元，另贷款85万元。

也就在这个时候，中央新一轮的房价调控政策出台，2011年又两次重拳出击，严控房价；2012年“两会”后温家宝总理答记者问时强调：房价还远远没有回到合理价位，因此，调控不能放松。今年初房价止升下跌。对于房价今后的走势，有说下降20%，甚至50%的，也有说调控只是临时性措施，有刚性需求房价还是要涨的。因而，房价的走势目前尚不明确。

在现实生活中，谁也不是算命先生。今后房价是涨是跌，结果取决于时间。那么现在看这一购房投资是亏是赢呢？现将它与银行存款的收益做个比较。

（一）购房收益计算

房价162万元，其中支付现金77万元，贷款85万元，等额本息还款。执行利息：5.2190%（基准85折），还贷额：7955.28元/每月；还贷期限：12年（144个月）。

贷款后，国家4次上调存贷款利率，月供由7955.28元/月增加到8291.43元/月。为减轻月供压力，2011年2月和8月二次提前还贷款32万元，还贷期限减为8年（本意是减少月供额，结果操作错误成减少年限），还贷额减为：6640.45元/月。购房贷款支付计算：这里考虑两个方案，按是否部分提前还贷分别计算。

方案一：按购房时贷款协议计算（当期年利率6.14%，85折）

贷款到期共需支付贷款本息114.56万元；加现金77万元，到期房价支付总额为191.56万元。考虑房屋出租收益33.12万元相抵，则到期后房屋支付成本价为158.44万元。

若按现行贷款利率计算（当前年利率7.05% ,85折），则为163.28万元。这个成本价基本与当期购房市场价162万元持平。如考虑其他因素（通货膨胀、物业费等），到期后是亏本的，要免亏取决于那时的市场房价是否跑过CPI。

方案二：按购房后部分提前还贷计算（当期年利率6.14%，85折）

贷款85万元，还贷期限12年，第二年2月提前还贷款22万元，还贷期限减为8年，8月又提前还贷款10万元，还贷额减为每月6640.45元。到期共需支付贷款本息97.740万元；加现金、房屋出租收益，则到期房屋总支付成本价141.62万元。若按现行贷款利率计算（当前年利率7.05%，85折），则为145.87万元。较方案一少支付12.57～16.82万元，房价不涨仍是亏损的。

（二）银行存款收益计算

如果不购房，按本金和月供存银行的收益计算。按不同存期组合方案和当期利率(2010.10.20)计算：

方案三：5年+5年+2年 存款。现金77万元存入银行整存整取本息合计：120.064万元。“月供”（方案一）存入银行零存整取—整存整取存款，到期月供本息总计139.003万元。方案三现金、月供存款本息总计 259.067万元。

方案四：3年×4次 存款。存款本息总计259.811万元。

方案五：1年×12次 存款。存款本息总计236.612万元。

以上三个方案中方案四收益最高，方案三与方案四差别不大，方案五收益最低。

按当前利率计算（2011.07.07）方案三、四、五收益分别为284.600万元，285.418万元、258.079万元，增加22. 1 万元～25.5万元。

（三）购房投资收益与银行存款收益对比

到期后，综合各方案均值，那时手上拥有一套出资188万元的房子加33万元现金；或者272万元的银行存款。购房究竟有没有收益，就要看这房价能涨到多少，而房价的走势目前尚不明确，要看未来社会发展的因素，这些因素很多是不可预测的：通货膨胀的因素。看政府的调控力度，通货膨胀对住房价值无影响，而对银行存款则影响很大。政策制定的因素。譬如对房产的物业缴费，房产纳税；银行的存贷款利率的调整；房地产价是否市场化；城市规划改变等。自然环境的因素。房子有自然损耗，需要维护，还有可能遇到的非人力可抗拒的灾害如地震等造成的损失，现行建造工程质量差也是一个问题。统计数据的因素。公布的统计数据常常与大众感受差距很大，也难以说明问题。现在看具体指标的对比计算：

1. 如果按现行通涨水平物价指数（CPI）和银行利率倒置来看，一年期银行利率低于 CPI 1.9 个百分点，到期银行存款损失（贬值）20.57 %。以方案三存款本息 258.079 万元看，要保值须达到：324.873 万元，该数额大于方案三、四、五银行存款所得，何况长期存款（方案三）收益本应更高。

2. 如果按现行平均物价指数（CPI）为 5% 来看，到期时房产要避免损失（保值）20.41%，以当期房价 162 万元计算，到期市场价至少应为 290.94 万元。

3. 如果以降价幅度 10%、维持现价和年涨价幅度 10%（极端情况）计算，以当期房价 162 万元计算，到期时房产收益分别为：183.21 万元、290.94 万元和 508.42 万元。

即到期后，市场房价应在183～508万元之间，当房价低于285万元时，购房投资亏损无疑，若考虑实际上存在的负利率因素，房价低于291万元（计算2）时，购房投资亏损；当房价高于325万元（计算1）时，购房投资盈利；当房价达到508.42万元左右时，恐怕也不是好事，说明经济发展并不正常。

显然在当前利率下存款是亏损的。投资购房虽优于银行存款但取决于今后房价涨跌，现在投资购房是有风险的，因为动作晚了。

昵称：于汉道

年龄：55 岁

职业：管理人员

薪水：5000 元

专家点评

于先生讲述了自己的两次投资，2007年末的基金投资和2010年的房产投资，并通过数据论证着重比较了房产投资与储蓄存款的收益情况，得出“显然在当前利率下存款是亏损的，投资购房优于银行存款”的结论。于先生是一位非常细心并且拥有较强烈投资愿望的投资者，他的两次投资恰好是中国经济近年来最主要的两次里程碑——2007年末股市冲高回落和2008年末开始的房价持续飞涨——也是国内众多投资者共同经历的。

股市和房市已然成为近年来民众谈论最多的话题，股市何去何从，房市何去何从？现在进入股市还是继续等待？现在退出房市还是静观其变？众多疑问仍然会长期盘旋在大家脑海中。

应该说，股市大涨，带动了国内最广泛的投资者的积极性，在全国范围内进行了一次深入的投资者教育工作；房市大涨，牵引了更多民众的神经，更为深入地普及了宏观经济、宏观政策及金融知识，从这个意义上来说，积极作用很明显。然而，负面作用随之而来，大涨后的大跌，让投资者对股市、对中国经济失去信心，也让更多体制缺陷暴露；房价滞涨，让利益既得者忧心忡忡，也让中国经济未来发展经历严峻考验。

作为普通民众，股价会不会涨，房价会不会跌并不是我们所能控制和预测的，我们所需要做的，客观上而言，是适应经济发展趋势，即认识到中国经济正在面临结构调整和产业升级的关键阶段，未来中国经济的关键性力量会由哪些行业所托起；主观上而言，树立平和的心态和正确的理财观念来应对经济发展趋势，即根据自身情况和风险偏好确定各类资产配置，并根据投资环境定期进行诊断和调整，谋定而后动，相信最终受益于经济发展的一定会是这些投资者们，因为我们对未来中国发展和中国经济是充满信心的！

点评专家：王有

简介：华商基金管理有限公司市场总监。先后就职于平安保险股份有限公司、华晟达投资控股有限公司，银华基金管理有限公司市场部南方区域总监，华商基金管理有限公司市场开发部副总经理。

选好品种，养“基”也能获得高收益

经过几年的努力与打拼，我终于成为“北漂”族的一员，有房有车，小有积蓄，和家里的同辈人相比，自我感觉还不错。但是随着近两年通胀的高居不下，每月的收入除去开销后就所剩无几，难免感觉“幸福感在下降”，于是总是思量着如何做些投资，增加收入，让自己的资产增值。

随着国内经济的发展，投资市场的品种也越来越五花八门，诸如黄金、外汇、艺术品、红酒等，令人眼花缭乱。经过一段时间的观望，觉得对这些东西以往了解甚少，参与投资的话需要具有丰富的知识和大量的信息资料才能做出详尽的分析，才能把握好投资的节奏，以我目前的水平，还是“敬而远之”的好。

经过对自己的可投资资产、经验、能力和时间等条件进行综合评估，觉得还是选择证券市场比较方便。可是，经过2008年的金融海啸之后，身边有很多“套牢一族”，这些前辈的劝告令我止步不前，A股不敢碰；债券的价格波动幅度太小，交易活跃度不够，对我这个急性子来说也不太适合；那么基金怎么样呢？记得2007年是中国证券市场的基金年，很多开放式基金的年涨幅达到了300%以上。对比国际的基金数据资料，这样的年增长率显然是不正常的，超乎寻常的增长幅度必然经过很长一段时间的走势修复才能回归正常的运行轨迹，看来基金投资也不好做。买点什么好呢？翻翻自己之前玩票性质的交易记录，发现2010年有一次很令自己骄傲的投资经历，记得当时还兴奋得狠狠地大吃了一顿，犒劳自己的英明决断（其实是歪打正着）！

那时为了帮朋友完成销售任务，买了2万份的基金，当时听说这个基金不同于以往的开放式基金，是在2～3个月后可以上市交易的新品种。以我爱追根究底的个性，尽管买的时候没有犹豫，为了帮朋友忙嘛！但是回来后还是在网上仔细地研究了一番这个“新品种”。查阅了很多资料，最终发现这个被称作“分级基金”的小家伙很有意思。最初认购的时候是母基金，算作开放式基金的一种，打开时比照封闭式基金的运作模式，可以拆分成保守型份额（A

类）和激进型份额（B类）在证券二级市场进行交易。果然，在两个月后，朋友告诉我这个基金可以上市交易了。账户中的基金真的变成了两只可以交易的基金份额。经过把两只基金的市场价格和净值进行对比，再分析了一下当时证券市场的走势，我把盈利的保守型份额卖出了，获利近5%，留下了市场价处于亏损、但净值远高于市场价的激进型份额。之后就渐渐淡忘了自己还有这么一笔投资在账户上。但是国庆节长假之后，从老家回京，手机短信中有一条资产提示显示，资产一下子增加了50%多，哪有这样的好事？登录账户一查，原来，之前的激进型份额价格在国庆节后一下子蹿升了60%多，现在已经开始回落了，此时朋友给我打来电话，说现在的激进型份额已经涨幅过高了，而且由于它有杠杆作用，涨跌幅度会比大盘剧烈，建议我逢高卖出，落袋为安。听人劝，吃饱饭！我立即卖出了这个B类基金。就这样，帮了朋友一个忙，短短4个多月的时间让自己获得了近60%的投资收益。好人有好报啊！所以原本是朋友邀请我吃饭，但我立刻豪爽地抢着买单，并拍着胸脯说："你帮我赚到了钱，当然要我请客，这样才合理，也算是犒劳咱们自己！"朋友笑了笑也只好依了我，之后我们的感情反而更深厚了。

有了这样一段投资经历，看来我和基金还是有缘分的，于是，开始了参与基金投资的准备。经过之前对分级基金走势的观察，我发现A类份额走势相对平稳，价格波动随净值变化较合理，并且具有事先约定的收益率保障；而B类份额的价格与净值间的差额较大，且确实与大盘走势紧密相关，当大盘上涨时，B类份额的价格上涨幅度会超过大盘，名副其实成为激进型份额，而当大盘下跌时，它也会快速下跌，幅度当然也超过大盘。听朋友跟我讲解，这就是它的一大特色——"杠杆作用"。简单来说，就是买入A类份额可以获得预先设定的固定收益、B类份额可视大盘运行走势操作，当大盘反弹时，快速买入，一两天后卖出，可以获得超过大盘涨幅的收益率，所以分级基金这个品种可以攻守兼备。了解了这一品种的基本特性后，我便开始了我的养"基"生涯。

由于对2011年的市场预期不甚乐观，所以我先把60%的资金投资A类份额；剩余40%的资金，等待市场机会，投资B类份额。持有一段时间后，才发现“养基”远远没有这么简单，即使是拥有预先承诺的固定收益的A类份额，其价格波动也是很可观的，经过仔细分析后，让我摸出了门道：就是紧跟国家的货币政策，当市场普遍认为货币政策收紧时，资金需求必然上升，A类份额的市场价就会上涨。但是这种上涨的周期不长，三五天内，当市场的资金需求逐渐回归正常时，它的价格也就开始回落，所以要及时在价格上涨时卖出份额，回落后再买入这样可以赚取不少差价。对于B类份额，则要有耐心，严格遵守纪律，也就是说当市场反弹迹象不明朗时，一定要耐得住寂寞，绝对不能买入，否则会损失惨重。市场反弹时，当反弹到一定幅度，B类份额的价格上涨也将趋于饱和，即将进入下跌阶段，整个价格涨跌的周期非常短暂，买入这种基金绝对不能像持有股票和参与基金定投那样长期持有，此时要坚决卖出，获利了结，这样才能保住既得利益，否则会“偷鸡不成蚀把米”。即使判断错误，预期大盘即将反弹，买入了B类份额后大盘并没有如预期上涨时，也要及时止损，卖出基金份额，把损失降到最低。悟出了这个窍门，让我在以后的操作中能够轻松应对，得心应手，而且在这一过程中还发现了另外一个基金品种——货币式基金。因为预判A类份额的未来价格走势的关系，要经常关注货币市场信息，渐渐地关注了货币市场基金，特别是2011年下半年开始，货币市场基金的年化收益率节节攀升，甚至到年底时，有个别货币式基金的7日年化收益率达到了7%以上，这种兼具活期存款和保证本金安全的品种在2011年下半年，证券市场屡屡下挫时，成了基金中“一枝独秀”的品种，我当然不能错过。

在做了几次B类基金的波段买卖之后，预期大盘短时期内难以回升，于是我就把这部分资金投入到货币市场基金上面，这样可比买B类基金份额要轻松多了，以前总要关注A股大盘的信息，关心指数的涨跌，说心里话，确实很辛苦，买了货币式基金后，本金很安全，原本持有的A类份额也在我几番买进卖出下，成本摊低了很多，而且这种基金的净值远远超过了我的买入成本价，所以，到了2011年四季度，当市场中“基民”成“饥民”的哀怨之声愈演愈烈时，我却是高枕无忧，轻松享受我的投资收益。一年下来，汇总一下，投资基金的收益竟达到了10%以上，虽然比不上股市高手选中一匹黑马、白马而能获得的高额收益，但也远远超过了通货膨胀率，轻松覆盖了CPI指标的增长幅度。说心里话，我挺满足，但满足之余，仍然有深刻的醒悟，也算是我这一年来投资基金的心得吧。那就是：

1. 交友要交益友，像我那位朋友，虽然说是需要我帮忙，但他很有责任心，关键时候，为我的利益着想，及时对我提出专业性的建议，在之后也教会了我不少投资方面的知识，成了我投资方面的“良师”。

2. 善于总结分析，有了一次成功的投资不能只沾沾自喜，要分析原因，总结成功的经验，才能获得更大的成功，否则好运会变成歹运，以为“天上掉馅饼”反而会害了自己。

3. 严守投资纪律，对设定好的进出条件，严格执行，不能贪心。

4. 要关注时事信息、政策变化，适当调整投资思路，更换投资品种。

其实归根结底，还是应该庆幸我这一年选对了品种，选了一个适合自己，和自己有“缘分”的基金，让我在损失惨重的基金群中骑上了一匹黑马。最重要的是，这让我对以后的投资更有自信了！

昵称：zhoujiexshj

年龄：38 岁

职业： 国际金融理财师

薪水：月薪 5000 元

专家点评

作为市场中一个比较新的品种，分级基金被越来越多的投资者所熟悉，这些基金按照各自的份额分类规则，往往原有份额就可以被区分为低风险的稳健份额和高风险激进份额这样两个种类。

低风险的稳健份额是一种可以在二级市场上进行交易的基金份额，在分级基金中按照某些特定的收益分配规则，使得某些类别的可交易基金份额在一定的时期内具有类似债券的风险收益特征，如在一定的期限内，保证这些基金份额能够获得某个预定比例的收益。

高风险激进份额其高风险、高收益的特征十分明显，在相关基金设计中，一般每只基金设定了特殊的分离规则和收益分配方式，相关基金中的某类份额在预先出让了一定程度的收益分配权之后，当基金的收益率达到了某个预先设定的标准，该类份额将会享受到基金净值继续上升之后的绝大部分收益，净值将快速上升，进而带动该类份额的二级市场交易价格快速上涨。如果投资者对于基础市场行情的后市预期依然很好，那么，该类份额的二级市场交易价格还将会快速上升，把该类份额净值未来上升的空间预期全部反映出来；反之，当基础市场行情风险较大的时候，该类份额的净值下架速度也将会很快，相对应的二级市场交易价格也会快速下降。因此说，激进份额在二级市场上的表现特征是，涨得快，也跌得快，对于有较好选时能力的投资者来说是一种不错的选择。

当然作为基金投资者来说，适时的调整投资品种也十分重要。我们每个人都希望自己处在一个欣欣向荣的市场中，但实际情况是任何一个成长中的市场都是处在波动中的，我们要冷静面对这动荡，在对市场进行充分的分析后，顺应市场环境。我们一方面要养成长期关注投资、关注市场和宏观经济的习惯，另一方面则要掌握调整基金品种的方法和技巧。

点评专家：王有

简介：华商基金管理有限公司市场总监。先后就职于平安保险股份有限公司、华晟达投资控股有限公司，银华基金管理有限公司市场部南方区域总监，华商基金管理有限公司市场开发部副总经理。

职场篇

80后北京土著职场的点点滴滴

我是一个地道的80后北京土著，家中独子。身在首都，总有种优越感充斥着自己。看着大街上各种豪车日渐增多，房价不断高涨，买主又大多不是本地人——在抱怨老天不公的同时，也感到自己的紧迫感。

不知道像我这种情况的北京土著多不多：家里有房，但是没多余的，从小都是跟父母生活在一起。买房是天方夜谭。父母工薪阶层，攒半辈子钱也就能交个首付，确实不忍心父母辛苦一辈子，老了还一无所有，所以一直没买。想到成功者都是苦过来的，靠拼爹、走捷径成功的毕竟还是少数。幸福的生活，还要靠自己创造。

职场内那点事

我2007年大学计算机专业毕业，运气算不错，进了一家规模很大的民营企业工作，待遇在同学里算高的，实习2200元，正式3000大洋，初入职场，有点忘乎所以，属于井底之蛙一辈。现在想来真的很幼稚，比我挣得多的大有人在，我很是惭愧。

这家企业福利待遇都不错，就是有个“天条”，工薪保密（貌似很多公司都这样，在此不评论该制度的利弊）。傻傻地工作到2011年初，默默无闻的，级别也从初级的实施人员发展到了项目经理，负责主导一些项目。待遇也只能拿到税前7500大洋，很多人会觉得这已经很白领了，但是如果你知道，公司为了扩张，新招的初级实施人员，拿的比你还多，你做何感想？反正我是很接受不了。有人问，不是“天条”么？你咋知道的？世上没有密不透风的墙，你遵守制度了，但是不代表你不会从其他途径获知消息。总之，我知道了，心里很不平衡。我带项目担着项目风险的责任，拿着比实施还少的薪水。但是在“天条”面前，找领导理论似乎又显得非常尴尬。所以只能先忍着。

看过很多案例，那些默默的努力，忍气吞声，最终被领导发觉从而成功的故事。但我相信，首先你的主子得是个明主，其次你得会自我表现、自我展现，最后，成功的还是少数人。

还是那句话，一切靠自己创造，别相信投机的命运，你把自己武装强大了，自然会被赏识。努力工作的同时，我也在寻找跳槽的机会。有工作经验和项目经历的技术人员，找工作其实并不难，很多企业公司都给我提供了面试的机会。我最终决定去一家外企面试。面试过程简述一下：

分三阶段，一阶段专业技术面，分为笔试和面试，笔试略过。

面试时，面试官一看就是个技术达人，所以在这种人面前，他问什么我答什么，不多赘述，不会的也要多少应付一下，实在应付不来，就实话实说。不要给面试官留下那种会的滔滔不绝，不会的一毛不拔的感觉。要做到很有内涵，深藏不漏。

第二次面试是管理面，主要是让我说我之前的项目经验。由于基本知道第二面肯定是这个，所以早在家就做好了充分的准备，听到他问我这个，心里窃喜，但是我绝不能表现出来，要很稳重地作答。简明扼要地说明项目概要、项目需求、项目目的，我怎么主导怎么做的。自己的突出成绩重点说明，把项目中遇到的问题、不足、失误说得非常详细。讲了两个项目，两个小时。面试官一看也是职场老手，你看不出他的表情，固定的剧本台词：回去等通知……

第三次面试来的一看就是最后定夺的人了，问一些比如：你以前在XXX公司，为什么想来我们公司了，那你想拿多少待遇啊之类。这种问题我还真想分享一下我的回答：

问：你以前在XXX公司，为什么想来我们公司了？

我答：在XXX公司干得挺好的，但是如果有更好的工作环境和机会，我会考虑的。

问：你期望薪水是多少？（当时我拿7500元，想拿10000元，包括填表和问你原工资的时候也不能说7500元，我填的是10000+）

我答，我现在拿10000元，我最低的要求是不能比这个再少了。

结果，如我所料外加惊喜……面试官说，待遇会比这个再多一点。此话一出，我知道八九不离十，被录用了。

换了单位，发现压力更大，工作更多。于是，开始向往假期。经常看微博上有人埋怨，早晨三个闹钟，还是起不来，求方法。上班犯困，下班"灰常"精神，12点前不可能躺下；觉得假期永远不够用等的一些抱怨，我分享下我的心得。

我觉得，出现上述几点情况，无非是懒、兴趣和压力导致的。懒就不说了，是人都希望衣来伸手饭来张口。兴趣，如果说明天不上班，单位组织香港旅游购物，我相信大多数人即使失眠第二天还能精神充沛。第三是压力，总想着干不好或干不完，有畏惧的情绪，导致不愿意去主动面对，最后还是硬着头皮被动地接受。

我比较爱玩一款叫做魔兽世界的游戏……魔兽世界有几种任务模式：杀怪（击杀一定数量的怪）、跑腿（一个NPC让你去另一个地方找另一个NPC），收集（收集一定数量的任务物品）、限时任务（在有限时间内完成任务）。玩这个游戏我也能通宵，为什么工作不行呢？于是我把实际工作生活设计成任务。

早晨起床：6点30的闹钟，7点必须完成出门任务，任务奖励：充足的早饭时间。

起床叠被 0/1

刷牙洗脸 0/1

换衣服整理着装 0/1

出门0/1

锁门的时候自动交任务，获得30分钟的吃早饭时间（我们9点上班，9点前打指纹，迟到一次罚200元，所以我一般都规定自己必须8点半到，如果7点出门那么8点肯定能到公司，这样还有半个小时在公司食堂的吃早饭时间）。

从家到公司指纹机作为一个跑腿任务:

任务奖励：+200RMB（不迟到变相挣了200元）

打指纹 0/1

打够20个指纹自动交任务 0/20 （一个工作日算一个，以20个工作日为例，20个工作日后就发工资了）

工作也可以划分为多个任务：

如果是管理实施类任务，项目周期一周（5个工作日），我这样设计：

任务完成度：0/5，每天算一个进度，5/5时任务完成，找主管领导交任务，获得领导认可和经验奖励。

以此类推，我自己对自己的这个方法乐此不疲，偶尔还可以给自己个惊喜，比如月任务奖励为一顿大餐或一套运动服。你甚至可以设计出未来一个月或更久的任务，把任务奖励写好，以便激励自己。我这个方法不一定对谁都有效，各位可以自己变通。

说来说去，终归职场那些事，对于工作，确实有很多负面的东西会灌输进来，一定要自我调整，努力做好本职工作，出色完成任务，所谓“在其位，谋其政，成其事”，一个做不好本职工作的人，何谈升职、跳槽呢，我不算是个成功的人，但我是个有理想有抱负希望成功的人，制定人生规划、职场规划，有的放矢，脚踏实地，挑战自我，努力去实现自己的人生目标，我在努力着，同时将我的经历写出来与大家分享，也希望与大家共勉！

昵称：q00p
年龄：27 岁
职业：IT 测试工程师
薪水：月薪税后 8000 元

专家点评

其实，对于作者来说，最好的理财就是把职场玩转，把工作做好。你的工资并不低，而且完全不必为户口、房子和将来生小孩的琐事而发愁，这些方面的优势，是非“北京土著”所不具备的。

既然说到职场，那么就职场这个话题往下聊。

职场能不能生财？答案是肯定的，但关键在于如何生财。盛大网络公司的内部管理就是通过游戏式管理来进行的，盛大本身就是做网络游戏，所以游戏之于人生、人性，恐怕没人比盛大员工更了解。职场也是如此，当你以游戏的心态去看待职场时，往往能获得意想不到的结果。就以作者为例，其实恰恰就是游戏式管理的精髓，所不同的是，盛大用一套游戏式管理来管理内部员工，而作者是用游戏来管理自我，使自我价值最大化，通过自我驱动来实现盈利，殊途同归。

作者现在自我管理的目的还仅限于增加自身抗压能力，其实，通过游戏式进行自我管理的最高境界在于使自己的价值最大化，赚更多的钱。一边工作，一边赚钱，一边理财，何乐而不为？

但在很多人看来，靠死工资发不了财，但很多人都忽视了，工资并非一成不变，而是随着个人的职场阅历、能力，工资也会水涨船高的。因此，管理好自我，实现自我价值最大化，才是游戏式管理的真谛。

点评专家：程海涛

简介：某大型求职网站资深职业规划师兼业余作家。

良好的人际关系是打开财富之门的金钥匙

曾经看到过这样一句话：一个人的成功15%靠专业知识，85%靠人际沟通。我觉得百分比的问题很难精确统计，但就我自已以往的经历而言，良好的人际沟通和为人处事的能力对我影响非常大，在我的财富之路上起着非常关键的作用。

我是西北农村长大的，家境不太好，为了改善家庭经济状况，我一直很努力地学习，从小学到大学都是父母心中的乖孩子，老师眼里的好学生。毕业后去了浙江工作，因为当时老家那边的工资水平只有700元左右，而这个来学校里招聘的浙江单位给我的试用期工资是1100元。

如今我在上海有了自己的房子，将父母接在身边便于照顾，弟弟毕业后也来了上海，他的工作也逐步进入正轨。

沟通能力被初步认可

第一份工作是在一个私营的培训机构，刚去的时候没有进行具体的工作分工，我感觉自已就像一块砖，被搬来搬去，反正哪儿需要就往哪儿临时垫一下。制作招生简章，接咨询电话，现场招生，会议主持，帮领导写发言稿，广播室播音，讲课，甚至包括打扫办公室卫生。过了两个多月，有一次周总结会上，老板说我的沟通能力非常不错，在前期的招生工作中表现很好，即日起升为办公室主任。

为此我着实高兴了一阵子，但很快便发现这种职位的改变并没有给我带来太多的不同，工作内容基本上与前述同，只是工资略有增长。

真诚是人际交住的基础

毕业后差不多一年的时候，想换工作。于是便开始逛招聘会。有一次在人才交流会场，看到一家在当地很有名的合资企业招聘行政人事部经理，我很感

兴趣。但精美的印刷海报明确标示着的任职要求我达不到：研究生学历，五年以上相关工作经验。

我不想放弃这个机会，决定去碰碰运气，所以我走过去跟招聘的负责人说：我只有本科学历，也刚刚才工作了一年，但我在过去的学习和工作中已经积累了较为丰富的组织协调经验，文字功底也行，符合其他几项任职要求，我觉得自已能够胜任该岗位，可否给我个试用机会。他们询问了我过去的主要工作内容，还假设了一些工作情景，问如果是我，该如何处理。我一一作了回答。对我回答的最后一个问题（是什么问题已不记得了），招聘的负责人问：你觉得你的这个办法能完全解决那个状况吗？我说这是我能想到的比较合适的办法，也许还有更好的办法，只是我一时没想到。她笑着说，行，你明天来上班吧。

上班之后，因为公司里正在进行ISO9000质量管理体系认证，我被授命全面负责这项工作的统筹协调，同时兼任行政部相关要素的建立和执行。通过此项工作的圆满完成，我也迅速地在公司树立了威信，并赢得领导和同事的一致认同。

在这个单位我的工资水平相当于第一份工作时的4倍左右，而去应聘的这件事我之所以印象深刻并对我后来的工作产生了重大影响，是因为此事后来多次被总经理提起。她说，正是招聘会场我的表现，让她感觉到了我的真诚和勇气，她觉得这个特质让我有很大的可发展空间，可以胜任更高要求的工作。

工作机会也可以自已创造

有一年春节到上海旅游，我立即被这个国际化大都市的时尚和快节奏所吸引。刚好原来那个单位因为改制，出现的新情况我不太适应，所以辞掉了那份工作来了上海。

之后在上海先后供职过两个单位，都感觉不是特别理想，做的时间不太长。

有一次在万体应聘经理助理的职位，觉得还不错。但在面试环节才知道其实他们只是需要一个从事打字、收发文件、端茶倒水简单工作的人。我有些沮丧，因为这并不是我所需要的，但我还是根据面试人员的要求详细介绍了以往的工作情况、自已的优劣势等。面试的工作人员跟我谈得很投机，他也认为这个工作不太适合我。我问他是否还有其他岗位在招聘，他表示没有，但又说公司现在正处于快速发展阶段，应该是有增加管理人员的需求的，需要向老板请示后才知道，让我回去等通知。

我也没太当回事，感觉基本上是没戏的，但出乎意料的是很快我就接到了重新面试的通知，经过初试复试最后我获得了总经理助理的职位，在总经理的领导下，全面负责公司下属一个分公司的日常管理工作。

别人的肯定比自己的汇报更重要

分公司里原已有一位副总经理，还有若干部门经理，专业各有所长，但谁也不服谁，踢皮球扯皮的情况很严重。开会犹如美国众议院会议一样热闹，每个人都固执地争自己那半边理，互不相让，往往会议开了多半天什么问题都没解决，而所谈内容早已离题万里。

有一次销售部洽谈了个外贸大单，货期比较紧，不能按期交货的话滞纳金很高，销售部经理说不太敢接此单，因为对生产管理没信心，据说此前因交不了货而遭客户投诉甚至赔偿的现象太多了。相反的，生产部却认为销售部什么都不懂，不顾公司实际产能乱接单，接单之后发生问题需要与客户沟通确认时推三阻四，耽误了时间，好像生怕问个问题就会得罪了客户一样。

我们紧急召开了部门协调会，对订单牵涉到的部门进行了工作分工，并听取了各部门意见，试着制作了一份订单完成计划表，结果与会人员都表示在此计划内是可以完成各自工作的，我们要求大家签字确认。并约定好遇特殊情况必须及时上报，每天下班前15分钟确认实际工作完成进度。

虽然此单在完成过程中也发生了一些始料不及的事情，比始原材料缺货、外协厂停电等状况，但在大家的通力合作下，此单比预计时间还早了一天交货，不管是进度还是质量均获得了外方好评。

在召开总结会之前，一次午餐时我跟坐在旁边的销售部经理聊天时不经意地说：前几天晚上加班时，老板来生产现杨检查，生产部老黄（生产部经理）跟老板提起这次镀铬的外协厂停电的事，说多亏了你介绍的那个外协厂家，不仅保证了进度，质量也很好，他笑笑没说话。

那次总结会应该说给所有人的印象都是非常深刻的，销售部经理一改往日高高在上的骄傲姿态，很诚恳地向大家表示感谢。虽然生产部、采购部等部门的负责人对此感到比较意外（据说以往只要交不出货那肯定是生产管理的责任，而一旦顺利完工便肯定都是销售部的功劳），但大家都是聪明人，本着人敬我一尺，我敬人一丈的原则也很客观地肯定了其他人所做的努力。

那是一个好的开始，之后的工作慢慢进入了轨道，因为大家都开始学习尊重别人的劳动，肯定别人付出的努力。而不是带着挑剔的眼光一味地指责别人的过错。

还有一次，公司副总跟我说：他跟老板吃饭的时候，老板问他对我的工作怎么评价，他说我的加入弥补了他自己在管理专业方法上的不足，使公司的工作更有序。老板当即对他进行了表扬，还说很怕我的到来会让副总有心理负担，听了他的想法后非常高兴。

随着各项工作的顺利进展，我的收入也逐步得到了提高，并在此期间有了自己的房产。

别拿村官不当领导

那段时间，我感到离自己的理想很近，似乎再努力一下，往上跳跳就可以够到了。然而世事多变，2008年下半年，突如其来的金融危机如海啸般刮过我们公司，订单突然就没有了，客户反馈回来的信息千篇一律只有一句话：没办法啊，不知道啥时候是个头。到2009年的时候，老板耐不住了，决定不再坚持。接下来就是裁员，劳动仲裁，催款讨债，贱卖设备，这个过程只有一个字可以形容就是乱，还有就是从恐慌到茫然到最后无奈的心理切换。我想可能这就是经济危机被称为风暴的原因吧。最后当所有的人都离开了时，我一个人站在空空的厂房里，我的心也是空空的无处着落。

然而我没有伤春悲秋的时间，因为每个月20日我必须还银行的房贷，我也没有为自己的不幸遭遇抹泪的空间，因为家里还有老人在看着我，我想我不能把失望再带给他们。所以匆匆地整理了一下东西，将文档资料打包成一个压缩文件。便迅速地在新的岗位上开始工作了。

这次的工作对我来说没有什么挑战性，只是一份普通的事务性工作，但很忙。我想忙点对我来说是好事情，可以不用想烦心的事情。顶头上司是个不太管事的人，这也挺好，反正我自已会把负责的工作做好，我认为一个人一定要用心地把自己的工作做好，才能对得起自己在工作上所投入的时间。

有一次办公室有很多人，上司问我一份统计报告的完成情况，我便说已经完成了。他说应该参阅一下营业部的××资料，我说不用。他说他认为应该跟那份资料再核对一下，我大概也是好日子过久了，忘记了还有办公室政治这回事，想也没想就说这份报告跟营业部的××资料一点关系都没有，真的没必要。他嗯了一下，没再说什么。

在我差不多就要把这件事情忘了的时候，其他部门的一个同事有次闲聊时问我怎么得罪了领导，她说不小心听到我的上司跟财务主管说让他找个借口把我做的统计报告退给我重新做。事有凑巧，人事经理也在不久之后兜着圈子地告诉我做人要谦虚低调，即使工作做得再好，上级评价不高的话升职加薪也会受影响……

我很庆幸财务部的同事素质高人品好没让我再做无聊的重复工作，也很庆幸人事部领导没有官官相护为拉拢同僚牺牲我这个小人物，但这件事给我的教训足够深，让我不小心看到了职场的阴暗面。

后来我便有意识地处好与上司的关系，没事聊聊八卦谈谈时事，偶尔吃吃饭唱唱歌，发发对生活的小牢骚，请教请教家庭琐事的处理方法等。我们终于为和谐社会做出了一份小小的贡献。对了，上司还是个网购高手，总能在第一时间找到物美价优的物品，为我这个产生购物需求即直奔目的地不问三七二十一就采购完事的人提供了很多有用信息，节约了不少的银子呢。

现在于我来说是一个过渡阶段，我需要沉淀自己并提高专业水平，等待机会重新起航。但我想不管何时何地，只要有人的地方就需要我们不断地完善自己与人交往的能力，因为它与我们的专业技能和管理水平同等重要，甚至在我们还来不及展现自己专业技能的时候，它就是那把帮助我们打开财富之门的金钥匙！

昵称：向阳花
年龄：36 岁
职业：企业管理
薪水：猜猜看

专家点评

有人说职场是个“大染缸”，要想生存得好，先得跳进缸里。其实，职场并不像有些人说的那样夸张，与其说它是“大染缸”，倒不如说成“淘金场”的形象。

一个人在家庭受到的教育占整个人生的四分之一，学校受到的教育又占四分之一，而剩下的教育与历练则全部来自于你工作的职场。在这里，你可以磨炼自己的性格，知道什么事可为，什么事不可为；什么事轻，什么事重……正如作者那样，从初出茅庐的小青年到公司薪水微薄的打工者再到买得起房、还得起月供的小白领，这些都仰仗于职场的“恩赐”。无论苦也罢，乐也罢，职场就是这样，它教给你生活的基本法则，让你学会苦中作乐，直到渐渐磨炼成职场的“白骨精”。

其实职场很像理财，需要我们规划人生起点到终点这一过程要实现的种种目标，这中间有各种障碍等着你，但随着你在职场的时间愈久、阅历愈深，你对职场、对财富的理解力也就更进了一步。凡事都离不开耐力，坚持下来，你就是下一个富翁！

点评专家：程海涛

简介：某大型求职网站资深职业规划师兼业余作家。

正职收入连级跳，向有钱人奋进

很多人以为光凭着正职收入，不能致富。其实只要你踏实、肯干，正职收入也能连级跳，总有一天你也能成为有钱人。我将自己的经历与大家分享，虽然我现在还在这条路上奋斗，但希望终有一天也能成为有钱人。如果没有梦想，就没有美梦成真的那一天。我就从圆梦的第一步开始说起吧。

先做自我介绍：80后，本科毕业，英语专八水平。

学校里签下第一份工作——月薪 1000 元

2005年毕业，外面的公司到学校来招人，我应聘到一家台资企业做英文秘书，月薪1000元。以前从未出过四川，这次签订的公司却是在千里之外的浙江宁波。

2005年7月，我拿着OFFER和其他几个大学校友去了一个陌生的城市——宁波。公司总部在台湾地区，一般都是台湾地区接单，宁波公司负责出货。公司提供三餐和住宿。但是在一个多月之后，我就有了离开的想法。

我的工作是每天早上先给总经理和他老婆、经理（经理是总经理的儿子）准备好茶水。经理的英文其实很好，有些文件总经理看不懂时则需要我翻译，还有就是总经理交待的事情需要向客户说明，英文的部分也由我来起草，然后由经理进行修改。

另外，公司在保税区，当时有机会学习EDI，我有幸参加了这个考试，努力看书之后，笔试通过了，可是网上操作没有通过。

在这里虽然有食堂，但是饭菜很不合我的胃口。好几个同事共住一间房子，感觉有点像大学宿舍，只是环境没有那么好。

我感觉在这学不到什么东西，工资也不高，迫于上述种种原因，立马决定在网上重新找工作。当时，父亲患有重病，我工作的目的就是多赚钱给父亲筹集医疗费用。

当时有朋友在苏州，让我往苏州投简历。我是英语专业的，首先想到的工作就是翻译，也许是我运气比较好，也许是专八派上了用场，很快就有公司通知我去面试。我只好请假去面试，因为我不想冒然地丢失一份工作（随着每年招生人数的不断提高，大学生就业率越来越低）。

应聘的岗位是技术翻译，记得当天HR经理还开车来汽车站接我，想到这待遇啊，心里真的很激动。当天面试之后公司当场就决定录用我，并且告诉我可以辞退那边的工作了，尽快过来上班。

由于当时我还在试用期，所以很快就办理了离职手续。一切都是那么顺利。

在试用期内跳到第一份正式工作——月薪 1800 元

这家公司给我的待遇是1500元，四险都有，3个月转正之后1800元。在这家公司我呆了两年，离开的时候工资是2200元。

这家公司让我成长了许多。刚进公司时，领导给了我一本行业专业词汇书，三个月试用期之后，我对上面的词汇基本了如指掌，完全能胜任这份工作，并且受到了领导的夸奖，称赞我学习能力强。我的主要工作就是翻译出口设备的图纸、设计部有老外来谈图纸上的问题我就口译、协助总工程师和质量工程师的日常工作，公司还让我去参加内审员培训，销售部缺人时也经常过去帮忙接待老外，陪同老外参观工厂和应酬。

工作有条不紊地进行着。一年后公司给我加了400元，也就是2200元。当时我觉得加得很少，我的期望值是3000元。公司是国有企业转制，不免仍保留一些陋习，待久了可能就没有了奋斗的动力。于是，我又打算跳槽了，这时的我，已经有两年工作经验了。那时父亲治病依然需要钱，而公司给我的工资还不到3000元。当我不能改变环境的时候，我只能选择改变自己。

在跳槽前我有自己的规划：要么换行不换岗，要么换岗不换行。经验的积累对于应聘者来说，还是很重要的。很快，有家日本企业通知我去面试，应聘前我查了下地址，居然离我所在的公司不到500米。应聘的岗位还是英语翻译，行业由空分设备转成了汽车零部件，但还是都属于机械设备类。

记得面试那天应聘者有两三个人。我是第一个进去面试的。一共三位考官进行面试，HR、业务经理和一个生产管理科长。让我印象很深刻的是：当时业务经理拿出几张图纸，让我将上面的英文翻译成中文，可能他觉得这个比较难，就说不是故意为难我，他们找的这个人是为了应付世界500强企业博世的工作，以后工作中会经常遇到这样的图纸。我看过图纸后，感觉和我平常工作中遇到的图纸差不多，于是，很快就翻译出来了，从他满意的表情我知道自己很快就能拿到这份OFFER。

然后，他们告诉我随后会有电话通知我第二轮面试。离开当天的中午，我正在办公室，突然又接到HR的电话，她告诉我下午就安排了去复试，说是他们的总经理在，要亲自面试。

前面说过我们公司管理不严格，面试的地点又离公司很近。所以，我很爽快地就答应了，下午趁机就溜出去了。面试我的是一个日本人，虽然我学过一点日语，但是用于交流还是有问题的。HR日语很好，她充当翻译。总经理询问了一些我的基本情况之后，HR向我询问了薪金心理价位。我当时报出的是税后3000元。

很顺利地，公司满足了我的要求，因为要交税和四险什么的，他们计算出来的是税前3400元。这个薪资比我当时的工资高出了1200元。

其实在公司待了两年的时间中，公司的领导和同事对我都很好，对这个公司我还是有感情的。有些关系不错的同事至今还保持联系，后来我结婚还给他们邮寄了喜糖。当时，我想如果公司能给我3000元的工资，我还是愿意留下的；而且当时我还有另一个想法，想去销售部做外贸，也和外贸部的总监谈过。他告诉我的是，我过去之后只能先做些辅助性的工作，不能像外贸部的人那样直接和客户谈，因为其一，我刚进到外贸部来，很多东西还要学习（这个我也认可）。其二，我是女生，出差很不方便，我们的设备又都是大型设备，外贸出差就是出国去现场，可能女生很不方便，而且出门的话，住宿本来一个房间就可以搞定，但由于有女生，可能会加大开支；单独让我出去，公司又不放心。并且他告诉我调过去之后，薪水依旧不变。我知道做外贸是有业务提成的，如果我调过去，只是做助理工作，不会有提成，而且以前都是外贸部的同事请我帮忙翻译一些资料，或者让我出面接待老外。可这样调过去的话，我就成了这名外贸部同事的下手，其实我和这个同事是一起进入公司的，当时领导觉得他是男生，就安排在了外贸部；我是女生，就安排在了设计部。以前他找我办事，我就曾说过他不是我领导，凭什么安排我的工作。现在调过去，我的工作不就真成了由他安排了吗?

有上述这些原因，我最后还是选择了离开。当时外贸部的总监说：我什么时候想回来，都可以联系他。但我想既然离职了，一般来说都不会再回头了。

第二份正式工作——月薪 3400 元

我也不知道这次的选择是不是正确的。既然有其他选择的余地，我也就迈出去了。于是，就来到了日本企业，月薪3400元，税后3000元。

在日本企业里，管理很严格。每天上班要换厂服。我主要是负责和博世合作的事宜，但其实我只是跑腿的，什么都是业务经理说了算。具体工作内容并不很多。于是，公司又安排我做生产管理的工作。每次钢材等原材料进仓库时，都要我去清点。每个月末也要去点数。就连公司的钢材等废料品拿去卖都要我去监督过称等。做着这些我并不喜欢的工作，于是在这个公司待了快一年的时候，我提出离职了。

当时，我租住以前同事的房子，她突然要接小孩过来住，所以我就只好重新选房子了。而那时我恰巧有个朋友在上海，让我去那边，说上海机会多。于是，我下定决心离职再去找工作。

来到上海之后，试用期月薪 4500 元

2008年6月份，我来到了国际大都市——上海。这里不得不提到一件事。我为了给父亲治病，一直努力找兼职。期间，我也真的找到了好几份兼职，都是帮人翻译资料。上海有家公司，是我以前给他们做过兼职的，当时那家公司的经理也提过说他们公司需要人，问我有没有意向。当时他开的薪水和我拿到的薪水差不多，而且我也不想离开那个地方，就拒绝了。在我去上海之前，我想到了这件事并咨询是否还能给我一次机会。结果是他们公司还需要我们专业的人，但是他正在外面出差，要等他回来之后再详谈。

我不能这样一味地等下去，所以到了上海之后就开始网上投简历。第一

周就接到了面试通知，是一家德国软件公司。我的工作在一个月内就搞定了，总共面试了5家公司，但我最后选择的是第一家德国公司。我的岗位是技术翻译，公司做软件开发，但是当我到了公司后却安排我坐在前台。那时的月薪是5000元，试用期4500元。其实这个收入，和我以前的比起来也不见得高，因为上海的生活消费成本高了许多。以前租房一个月才300元，而如今租房一个月要1300元。但是，既然来了，就只有往前冲，不断地学习、不断地进步，薪水总会涨起来的。

以前我接触的行业是机械设备类，现在则是软件行业。在公司里，我需要做一些英文技术报告；HR把招聘名单给我，让我安排新人来面试；负责帮公司人员定机票等；做一些公司总部需要的文件资料准备。安排我工作的是一个德国人，平时交流都用英文。到后来总经理安排我做了一些财务上的事。慢慢地，我发现这样的工作不是很喜欢，其实德国人安排我的工作并不多，里面的同事素质好像都蛮高的，我知道很多人的薪水都比我高出许多，还有好几个同事是海归。在工作了2个月后，我又联系了前面提到的经理，他已经在上海了，通知我去面试。

记得那天我是请假去的。当然最先碰面的是经理，他告诉我：笔译就不要测试了，我见过你的翻译，挺好的。一直是通过邮件和短信联系，所以他并不知道我的口语如何，因而这是着重考查的方面。第2个面试我的是一个新加坡美女，看起来很高雅尊贵。她用英语简单问了我几个问题，面试下来感觉还不错。第3个面试我的是另一个项目经理，他问了一些建筑上的专业用语。好像我没答上，其实他问的单词我以前好像见过，可一时突然忘了。当时，我说这个专业术语不是问题，刚毕业时对空分行业不懂，但通过一段时间学习很快就上手了。

三轮面试后，经理问我期望的薪金是多少。我当时报的是6000元。可是经理说这个可能不太行，但是公司有其他福利，而且做得好的话，以后有加薪的机会。最后我说那5000元呢，他说可能可以。他告诉我公司其他人工资好多都没有我这么高。我说那5000元也行。最后，他说这个事情还要跟总经理汇报，应该没多大问题，让我等消息。

就在第二天，我就得到了被录用的消息，让我可以辞职马上过去上班了。

第三份正式工作——月薪 5000 元 ~ 年薪 9 万

这个公司是属于世界500强企业旗下的。我起初的岗位是项目助理（英语翻译）。在这家公司呆了一年多之后我提出加薪，此时董事长换了新的人，加得很少，才4%。这要在以前，怎么都觉得很不爽，可是这次，我却显得很平静。也许是因为年龄大了，追求的是稳定。

2010年，我转到了采购部门。英语还是我的强项，进入采购部门，我踏实、肯干、好学，年终评优活动时，我荣获"年度优秀新人奖"。捧着获奖荣誉证书和奖金，感觉自己的努力没有白费。根据公司收益和工作成绩，薪资也做出了相应调整，目前年收入已达到9万。

在通货膨胀的今天，我的连级跳或许算不上什么，但是至少证明我在向有钱人奋进，只要有信心，坚持不懈地努力，总有一天也会成为有钱人。

昵称：流浪漂泊者
年龄：30 岁
职业：采购
薪水：年薪 9 万

专家点评

自 2005 年毕业至今，算下来 7 年时间前后共经历过 6 次跳槽，经历过三份正式工作，和现在刚入职场的年轻人比较而言，这样的跳槽频率倒还说得过去。

表面看来，作者从四川到宁波，再一路打拼到上海滩，这一过程也算“连升三级”了，但在我看来，作者其实走了不少弯路，尤其是英语基础很好，但最初并没有选择一家好的公司，所以尽管 7 年时间从年薪 1 万元到目前年薪 9 万，也属正常。试想下，7 年前宁波的消费和现如今上海的消费，年薪 1 万和年薪 9 万，这中间如果算上通胀因素，压力非但没减少，反而加重了。以作者的英文基础和拼搏精神，正常情况下完全可以在这 7 年时间里赚到年薪十几甚至二十几万。

那么，如何才能让自己的身价翻番呢？

我觉得刚毕业的大学生，先不要考虑每年能赚多少钱，而是选择一家大公司，进去后先从学习入手，象牙塔和职场完全是两种社会形态，“菜鸟”的这一转变过程相当关键，所以一定要虚心学习；然后是积累资源，想尽一切办法积累各种资源，包括同事、客户、职场上的朋友、上司等；待到资源积累到一定程度，便要开始观察，观察业务模式、观察职场“老油条”是如何与他的客户、上司打交道的。这些弄明白、弄清楚大概需要三年时间，三年过去后，你再决定是走是留。如果你要跳槽，也得先物色好下家，所谓骑驴找马就是这个意思。时机成熟再和 HR 摊牌，这时公司如果真心想留你，会提出各种条件，加薪、升职肯定是不可少的，这时你要学会不动声色，看看公司会给你一个什么样的职位、涨多少钱留你。

如果答应给你升职、涨薪，你还一再要走，那么公司的底线即破，也不会再挽留你，那么这个底线“价码”，基本就是你跳槽到下一家公司的身价。

无论正职还是跳级，其实这些工资都是固定的，是可以计算出来的，即便再跳槽，再加薪，这些钱也是有限的，就像池子里的鱼，池子再大也是池子，怎么办？把鱼儿放游到大海，只有在宽广无垠的大海里，鱼儿才能真正找到其快乐的根本。

理财的根本在于将有限的资金投入到无限的“池子”里，这样的“池子”有很多，譬如基金定投、保险、股市等，但前提是一定要知道“池子”的深浅。以作者年薪9万来计算，这些钱完全可以精心打理一番，实施理财的第一年，将这9万元变成10万应该不成问题。你可以把每月的收入分成3个1500元，分别购买不同的理财产品，例如每月拿出1500元购买基金定投，长期投入；第二笔每月1500元用来购买黄金；第三笔1500元买保险……试想，一年以后，你投在每个产品上的钱都是等额的1.8万元，三笔投资加起来不到5万，只占整个年薪的一半儿。而三年以后，这5万多元至少能变成7～8万，甚至可以考虑继续投入，使利润最大化。

点评专家：程海涛

简介：某大型求职网站资深职业规划师兼业余作家。

看我如何兼职做英语翻译，4年赚6万？

我做过许多兼职，在这我想详细讲述一下我的翻译兼职，希望对其他人有所帮助，乐于助人的人，才会得到别人的帮助。

通过网络求翻译兼职

相对而言，英语还可以的人（至少六级），在时间充裕的情况下，可能都想私下接点翻译活，赚点外快。但是并非英语好就能做好翻译，关键是要了解行业背景，熟悉行业词汇。所以，在此，建议想做翻译的人，最好有一个擅长的领域或行业，贵在于精。

下面详细介绍下我是如何一步步积累翻译经验，找到客户并获得更多的客户信任的。

翻译分为口译和笔译，口译的要求相对而言比笔译要高，对于刚进入翻译行业的人，最好是从笔译做起，当然如果有口译的机会也不要放过，因为每次实践就是一次锻炼，或多或少你都能从中学到知识。

所以，刚毕业时，我认为找翻译兼职是赚外快最好的方式，赚钱来得最快的就是私下接资料翻译。其实笔译是很辛苦的，但是对于初次进入翻译领域的我来说是最有把握的。最初在公司里我的岗位是技术翻译，口译相对少，因为平常工作中口译的机会也不太多。毕业之后，意味着经济独立，而我当时肩负着家庭重担，除了养活自己，还要赚钱给父亲治病，为家分忧。父母辛辛苦苦供我念高校，我只有靠自己努力，奋发图强，多赚钱。当时我的工作还是比较轻松，忙也是一阵一阵的。有时赶急，也得加班翻译资料和图纸，但多余时间则感觉很闲。

初出茅庐的我没有什么人脉，想想从翻译公司接活，人家的要求肯定也高，于是我选择了网络求翻译兼职。我抱着尝试的态度，在当地的网站上发布我的个人信息，突出我的优势。一段时间之后，还真的有人打电话来询问我翻译的事宜。当时第一次，感觉自己傻傻的。对方让我开价，我却不知道如何应答。或许有人会问，要是做完了，对方不付费怎么办呢？我当初想法很简单，我想就算是被骗也就这一次，别人不付费，就当做了一次练习，加深了一次知识，经济上也无任何损失。

记得这个人当时说300元翻译费吧，我说行。他直接就把要翻译的资料传给我，联系都是电话沟通。我按时按质按量完成了任务，最后对方通过银行转账直接将翻译费打到我的账户上。

这是我在网络上找到的第一份单。年轻什么都敢为，想法也多。尝到了第一次甜头，也让我意识到原来在网络上还是能找到兼职的。

有了第一次接单，我当然希望能得到更多的单子。我开始在翻译网上找兼职工作，这犹如大海捞针，虽然我有翻译经验，但时间不长，如何让别人相信我的翻译能力、认可我就是最重要的了。在翻译网站上有很多小文章，浏览者可以进行中翻英、英翻中，不过都是免费翻译的，我平时有空时，就多翻译几篇文章，这样别人上来找翻译的话，就可以看到我翻译的文章，对我的翻译水平也有个了解，可以从中看出我的实力。

还有一些翻译网站上，有许多求助贴。我有空了也会上去免费解答。网站上会每周推出“翻译之星”的评选，也就是翻译作品最多的人。有段时间，为了接稿子，我就尽量多免费翻译，连续几周都榜上有名，结果确实有不少人找我翻译，因此我在该网站上积累的信誉也就越多。当然，如果想成为上面的“推荐会员”，大多需要付费，每个月给网站缴费30元，当我在该网站尝到了些甜头时，这30元对我来说就无伤大雅了。

除了翻译网站，后来我还听说了“威客”，就是可以在上面揽业务的网站，我注册了很多威客网，像任务中国、猪八戒等。记得在上面也做成一单，再后来就基本很少用那个网站了，因为我发现上面设计的任务比较多，而翻译任务相对较少。

慢慢地，通过翻译网站直接来找我的人越来越多。有的是企业，有的是个人。有了一定的翻译经验，为了争取更多的翻译单子，我也通过网站向翻译公司发应聘兼职翻译的简历。翻译公司一般都会让我先做测试，测试合格之后，再给我派稿，而每次付稿费每家翻译公司的时间都不同。最快的是交稿后2周就付款，最慢的有时要拖2~3个月，还有的承诺客户分阶段付费，一般通常都要一个月时间。其实从翻译公司接稿是最不划算的，他们给兼职翻译员的译费都很低，而且对翻译质量也很挑剔。

和三四家翻译公司建立了良好的关系后，我所熟悉的是空分、石油化工、机械和工程建筑类领域。翻译得比较多的是技术资料。

我为之翻译过的客户，他们大都是我的回头客户，只要他们需要找翻译，就会联系我。有的客户还介绍他们的朋友给我。所以，我手上有了一部分资源。但是，大都是小单，也不是经常会有。

印名片，拓展客户源

为了得到更多的客户，我还想到了印刷名片，花了20元，当时的想法是每天都可能遇到不相识的人，或许对方就有这个需求。所以，有机会认识人时，比如像一些聚会活动，我就趁机发名片。另外，后来我开了淘宝店，在发货时，我也会随件附上一张名片，起到宣传作用。当然，淘宝上什么都可以卖，后来我把翻译服务也挂在了我的网店上。

如何处理客户问题

在兼职过程中，肯定会碰到不少的问题，例如：交稿之后有人不付款，有的公司需要翻译费发票报销，有的客户给的是急件等。看我是如何一一解决的。很多问题我们无法预见，当出现问题时，冷静思考后总有办法。

曾有人找我翻译简历，我看字数也不多，价格也很便宜，于是翻译完之后就将稿子交给对方了，可是交完稿之后对方就不理我了，翻译费也不给。还有一个客户，曾合作过，觉得对方还是讲信誉的，之后他又找我翻译，量比较大，翻译完之后我就直接将译稿发给他，这次的翻译费是3000元，可是，对方在收到我的资料后，就不答复我了，当然我的翻译费也就泡汤了。上当受骗之后，我想了个办法，如果量大的话，先支付定金，我翻译之后发一部分给客户，然后再让对方支付余下的翻译费，我再交稿。如果量小的话，就不用付定金了，先发一部分给客户，还是等客户确认后，再支付翻译费，然后我再交稿，这样就能保证我的利益了。还有一种办法就是我把淘宝店的翻译服务链接发给对方，使用支付宝付费，这样对大家都好。

有些客户需要翻译费发票报销，我个人哪有什么发票，后来我想到和我合作的翻译公司，我请他们帮我代开翻译费发票，不过翻译公司也不是白帮你开的，一般会按开票金额收取一定的费用，有的翻译公司手续费叫的比较高，于是我就选择相对低的翻译公司，这样，发票问题就迎刃而解了。

有些客户找到我，稿子很急，刚开始我不清楚如何应付，呆头呆脑的自己傻做，还熬夜，不过当时也确实很需要钱，其中有两次让我印象深刻。

一次是给一家建筑公司英翻中，对方给的时间很紧，急件，为了能完成任务，我一个晚上都没有睡觉。记得当时我一个人对着台式电脑，辛苦地翻译稿子，第二天早上8点要上班，到点了，彻夜没休坚持去办公室上班。当时是在日企，管理很严格，不去上班就要扣薪水。就连平时中午休息时间出厂，如果晚了十分钟回来，也要扣半个小时的薪水。所以，为了不扣薪水，我仍坚持工作。

还有一次是在春节要回老家的前夜，第二天就得回家，当时为了省钱，购买的火车票是早上一早的火车，而我为了完成客户要求的建筑图纸中翻英的单子，通宵加班，在凌晨4点过多时候终于完成了。

而现在我会改变策略，如果稿子很急，我会要求客户加20%左右的译费，然后我会找和我一起奋战的同行朋友，大家互相帮助，将其中部分工作分给他们，我再最后审稿，当然，译费也得分掉一部分，但是对我而言，就没那么辛苦了。

文件管理

翻译完成之后，也不是就结束了，我还得有后续文件归档工作，这样一是方便日后查阅，另一方面也是对客户负责。

为了管理我的翻译业务，我自建了一个表格，对业务进行系统管理。

关于口译

口译对译者的要求比较高。以前公司是制造企业，经常会有老外到工厂来考察，看设备、洽谈等，我就充当了口译的角色，一般是陪同翻译。

后来，公司需要取ASME认证证书，最后审核的人有老外，我参与了这项工作。在我们公司取证审核前，另一家公司也需要取证，而他们公司的人英语都不好，我们负责质量的老总就安排我去那家公司充当翻译，并告知我如果他们给你红包，你就收下，于是，我额外获得了1500元的翻译费。

口译是需要长期锻炼才能胜任并做好的，要熟悉行业词汇，只要你努力了，就能获得成功。

兼职带来的收益

每一次的翻译工作，都会让我或多或少有所收获，一方面增长了知识，提高了我的翻译能力；另一方面，翻译兼职也给我带来了可观的经济收入：2007年兼职翻译费9990元，2008年23322.45元，2009年19026.68元，2010年9298元，4年共赚了61637.13元。

附：推荐比较好的英语学习网站：

沪江英语网 www.hjenglish.com

普特听力英语网 WWW.PUTECLUB.COM

我爱英语网 WWW.52EN.COM

昵称：戏如人生

年龄：31岁

职业：管理人员

薪水：年薪15万

专家点评

看得出来，作者是众多年轻人的榜样，一年能有万元左右的外快收入，已经非常可观了。可以试着让这笔钱流动起来，因为钱趴在银行是很难生钱的，只有让它流动起来，才能生出更多的钱，用金融术语形容就是“快钱”。

如何让有限的资金快速流动起来，在尽可能短的周期内变成更多的钱呢?

1. 定投。现在各银行都有各式各样的定投理财，可以选择一种或几种同时操作，理论上每月收入的20%左右可以用来定投，但具体还要看自身情况决定。

2. 买保险。可以买那种分红型的保险，每月固定存入几百块，日积月累聚沙成塔。但现在保险公司的险种泥沙俱下，很难分辨是不是保险公司故意设下的陷阱，毕竟现在已经不是30年前的时代，一不小心就会上当受骗，天上是不会无故掉馅饼，切莫占小便宜吃大亏。

3. 充电。其实这也是一种投资方式，利用业余时间，把赚来的额外收入用在为自己充电上，也是很好的理财方式。作者的英语水平已经很好了，可以报名参加一些商业社交班，增加一些人脉，这些人脉资源可以让你将来能进到一家不错的公司，并且收入翻番。这里需要注意的是，人脉投资并非现世现报，也就是说你当下投入的金钱、时间、精力等，并非当时就能得到良好回报，而是要日积月累，不断培养你的人际圈，让你的人脉越来越广。

点评专家：程海涛

简介：某大型求职网站资深职业规划师兼业余作家。

奋斗在小城市

我出生在一个普通的小县城，也正奋斗在这样的小县城里。大学毕业时真想和同学们一样留在机遇更多，挑战更多的大城市里。但我对大城市又有些恐惧，害怕离家的孤单，害怕就业的压力，害怕掌控不住的生活节奏……

第一份工作

回到家乡，在没有找到稳定的工作之前，我在一家幼儿园做幼师。由于我的工作认真和对孩子们很有爱心，同时因为我的大学专业，我还充当起孩子们的钢琴、舞蹈老师。幼儿园的园长和孩子家长都很喜欢我，我也很喜欢这毕业后的第一份工作。但是这份工作的收入并不高，而且没有什么挑战性，我的目标是：或者工作稳定，或者收入要高。于是这份工作并不长久。

第二份工作

为了想有高收入，我放弃了幼师选择了经商。我在父母的支持下开了一家饰品店，地点选择在一个高校的附近。因为大学时爱逛街，也积累了很多时尚和审美元素，我店里的东西一些爱美的女孩们都非常喜欢，小店是学生们休息时的必经之地。我和她们相处得也都很融洽，很多女孩还给我的店提了些宝贵的意见，我都会积极的采纳，每次上货我都是自己独自去选货，无论怎么辛苦自己都觉得很开心。几个月下来收益真的不错，本想一年之后，我就会把本钱还给父母了，但好景不长，我租的店面所在的地点要拆迁重建，我只开了几个月的小店宣告关闭。

第三份工作

在家里呆了几个月后，我终于又蠢蠢欲动了，因为我的骨子里就是闲不住的人。一次走在大街上看到保险公司的招聘很吸引人，正好符合我工资上不封顶的愿望，经过面试我顺利通过，于是我从此就走进了被大多数人都排斥、不看好的保险公司。刚进入公司一个月就有一次选拔内勤讲师的机会，所有人都可以参加竞聘。于是我下足了工夫，凭借自己一直以来不错的口才和一点点文化底蕴，成功地以第一名的身份轻松当上了讲师。我为了保住这个讲师的职位，每天都会不断地学习，不断地查找资料，不断地让自己做得更好，因为我要让那些不看好我工作的人改变他们的想法。就这样在紧张和充满压力的工作中我度过了四年，如今我已经是公司炙手可热的金牌讲师了。我的收入从第一年的800元增长到现在的4000元。而且在不断学习的过程中，我还在不断地提升自己的形象，我会把工资收入的一部分用来打扮和包装自己，学着电视里的白领们一样，提升自己的品味。

身兼数职

几年下来工作捋顺了，收入也不断地增加，但我的确觉得工作真的有些枯燥，我开始想找份兼职。于是我找到一家艺校，在每个周末我都会运用自己的老本行，教孩子们弹钢琴，这样我的生活不再那么单调而又一直富有压力，同时又增加了一份不小的收入。一次同学聚会上，我的一个开礼仪公司的朋友得知我在保险公司做讲师，而且形象不错，现在又流行两位婚礼主持，于是聘请我做业余的婚礼司仪主持，这样只要时间允许我都会去客串一下。我的生活过得很丰富。大家都说我是挣钱狂，我自己也这样觉得，我觉得我把自己所有的特长都发挥在了工作中，我的收入在这样一个小城市当中应该是佼佼者了。

理财有方

工作进入正轨，我也到了适婚的年龄，也许是上天真的很眷顾我，一次朋友聚会我认识了现在的老公，不仅人长得帅，而且人品极好。也许是因为很般配，我们没多久就一起走进了婚姻殿堂，而且有了自己的小宝宝。宝宝现在已经快两岁了。

有了一定的收入，又成家了。我开始选择打理手中的余钱。因为从事保险工作每天都是研究如何理财，所以我的理财有一定的规划。第一，我用少部分钱为孩子买了份保险，打算孩子长大时用。第二，我花近20万元买了一台营业用出租车，然后把车转租给别人，每月收入几千元。第三，虽然近年来股市不景气，但也小有投入，不求回报多少，只求分散投资。第四，一部分钱存进银行是避免不了的，只是为了用起来方便。

最近附近的农村有些农户打算卖地，我打算买一小块，也当回地主，再租给农户，20年的使用权也能小赚些，同时也是一种投资。在家庭的开销上，吃方面力求最好，因为要保证家人和孩子的健康。在购物方面，为了节省开支我大多会选择网购，这样又省时又省力。一些小的开销上会记些流水账，比如，家庭各种物业费、取暖费、水电费、上网费、随礼费等。力求做到细微之处不疏忽。

面对我的生活，我感到很幸福。老公朋友的老婆大多是全职太太，没有工作。但是我有自己的事业而且毫不逊色于男士，我觉得自己和老公一起携手打拼出来的家才是幸福的，虽然我奋斗在小城市，但我热爱这个城市，热爱周围的朋友和一切……

昵称：两个人的幸福
年龄：28 岁
职业：保险公司讲师
薪水：月薪 6000 元

专家点评

虽然奋斗在小城市，但小城市有小城市的便利，小城市也有小城市的美好和幸福，甚至一点都不输北、上、广、深这样的一线大城市。

作者有幼师经历，又懂经商，这简直就是一笔宝贵的财富。幼儿启蒙教育虽然目前在中国的二三线城市市场还不成熟，但随着家长对宝宝越来越关爱、呵护，他们的成长已成了一个家庭中的头等大事，所以，未来5年左右的时间，幼儿启蒙教育一定会成为一项朝阳产业。经商讲究战略，尤其在前期普遍不被众人关注的时候，也是进入市场的最佳时期，因为此时市场还是一片“蓝海”，如果大家都想到要投入这一项目，那市场不久就会成为一片“红海”，毫无竞争优势。

基于此，作者应该在合适的时间亲自去考察所在地的幼儿启蒙教育市场，如果可行，可以小规模试行。值得注意的是，前期要以市场品牌推广为主，这样当你的品牌知名度达到一定程度时，可以立即转为连锁加盟形式。在北京、上海、广州甚至省会城市，现在这种幼儿早期教育连锁机构已经遍地开花，将来用不了多久，这些机构势必会将触角伸入三四级市场。你现在不做，更待何时？

点评专家：程海涛

简介：某大型求职网站资深职业规划师兼业余作家。

单身宅男的幸福生活
——理财像时间，挤挤总会有的

我，一个毕业4年的单身男。没错，既不高，也不帅，更谈不上富。我就是传说中的单身男屌丝。

要票子还是要面子

2008年，北京办奥运，我毕业。本来想去做志愿者，但人家一看我马上要毕业了，而且长相又不好，冲我摆了摆手。我潇洒地转过头，走了。

前些天和同学聊天，同样都是单身男，我27岁，他29岁。我有房，他没房。

他在那家公司待了七八年，而我待第四年了，我们都说这份工作就像鸡肋，食之无味，弃之可惜，但关键我和公司签了10年的“卖身契”，用我10年的青春换得一纸北京户口和一套一居室，我说，就算再累再苦再不想待也得继续干下去。

他说想找一个女人分担一下，否则太累。在老家年纪相当的都已结婚，有的孩子都会打酱油了。相亲又是不可能的，在外面圈子比较小，很少接触到自己喜欢类型的人。过年的时候在家见了一个朋友的同学，算是相亲吧，那个女人是做煤炭生意的，但不是传说中的煤老板，家里有点小钱，感觉特横的样子，跟谁说话鼻孔都冒烟。我就不喜欢，不就有俩糟钱儿么，至于用鼻孔看人嘛！据说那个女人在家里几乎把所有的单身男人都看过了，呵呵，要求可能也高，匆匆见面觉得不是很好。我喜欢那种低调的，有内涵、有气质的女人。

我同学2011年以贷款的方式买了一辆15万的车，压力有点大，每月还要供油钱，现阶段这形势，油价早晚有一天得“破十”。没办法，我这个同学喜欢车胜过喜欢女人。他说他的条件比我差，尤其买车以后。我不这么认为，我觉得人总得有点喜好，尤其男人。像我这样，既不抽烟又不喝酒，更不爱逛街的，连自己都讨厌。话虽这么说，但我其实挺自恋的，尤其佩服自己理财的能力。

他们管我这种超乎常人想象的理财能力叫抠，而且抠得离谱，他们说我是21世纪中国的一朵奇葩。我从不以为然。在我看来，他们哪里懂得一个农村娃儿通过奋斗，考上中央财经学院，跃出农门的那种迫切心理；他们哪里懂得上高中还得穿打补丁裤子的窘相；他们更不懂一个从小学四年级就开始打工赚钱交学费的孩子对金钱的真实态度……

我的人生格言就是：要想活得像个人样儿，必须不拿自己当人看！在票子与面子这个二选一的选择题面前，我会毫不犹豫地选择前者，起码35岁以前不会变。

2008年底，我考进某中央机构下属的一家国企成为一名公务员，一年后，解决户口问题，再过一年，我分到一处劲松附近的一居室。做到这些，基本没花钱，甚至两年间我还给家里的父母哥哥寄回去10000多元。

一专多能，广开财路

我攒钱有些年头了，但理财是近几年才开始的，关键是以前学业为重，赚钱的渠道不是很多，没多少财可理。

现在我的具体收入构成是这样的：

工资每月到手4500元，因为学财务出身，每月还在外面做着三份类似会计的兼职，主要就是给人家报报税，整理整理账单之类的零活。但凡请兼职会计的公司规模都大不到哪儿去，其中还有家只有1个老外。这三家公司有两家每月给我800元兼职劳务费，老外出手比较大方，有1500元。因此我兼职的收入每月就有3100块。当然，这些兼职不能让单位知晓，否则会死得很惨。

我还在淘宝上开了个小店，我老家在内蒙某县，那里出产玛瑙，我一小学同学就是做玛瑙生意的，他和加工玛瑙的工厂有关系，能以极低的价格进货，我看到有不错卖相的、价格又便宜的，就会从他那里进一些放到淘宝上卖，生意还凑合，平均每月有2000元进账。

除此之外，我还做着一份家教。我们小区有业主论坛，没事我就上去瞅两眼，有一天发现我家楼上的家长想给孩子周末请家教，小孩上初中二年级，主要给孩子补习数学。我从小到大都是数学强项，就凭着优秀的数学成绩拉分，高考时全县排名第三，尤其微积分和几何，没有难倒我的。

我在网上发贴给那位家长，很快便开始了家教生涯。每周六日上午上课2小时，一小时160元，这样每月又有2500块左右的进账。

我是不是很能赚钱？我也吃惊自己赚钱的方式太多，可是当一个人想要做成某件事时，总会绞尽脑汁想各种办法，而一旦你真心想做成，连老天都会垂青于你。

零存，但凑整也不取

以上就是我的全部收入，再细算一下：工资4500元+兼职3100元+淘宝2000

元+做家教2500元，合计12100元。

前面说过，我不抽烟不喝酒更无不良嗜好，衣服也很少买，早餐和午饭在单位吃免费食堂，几乎没什么大的开销，每月存款都在1万块以上，即便不够1万，我也想办法把它凑成1万。没错，屌丝男就是这么炼成的。

再来说说我的理财方法。从上大学开始，我就养成了记录每一项收入和支出的习惯，这有助于自己清楚掌握财务资金状况，而且我平时就有把零钱凑整的习惯，每攒够100元、1000元、10000元这样的整数时，就存起来，存进去的钱基本不再取出来。

其实理财有些像做企业，作为CEO，不但要管理好这家公司，还要学会过日子，过日子其实很简单，就是知道账面上有多少钱，能做成什么事，每月净利润多少，税后盈余多少，最好不要出现负债……

凭着我在北京超出常人的打拼精神，自打2010年开始，每年差不多就有将近15万的存款，到2012年初算下来也有20多万了。

我现在已经很满足了，对我这样一个农村出来的“凤凰男”+“屌丝男”来说，在北京有户口有房子，还有一笔可观的存款，已经很不容易了，何况走到这一步我只用了4年多的时间。我接下来的目标是继续做我的兼职、淘宝生意和家教，待攒到第一个人生的百万时，我会考虑寻找一位合适的姑娘，谈一场以结婚为目的的恋爱。

相信这一目标实现的时间不会太过漫长。加油！

我相信生活会越来越好的，没有女人，我一样可以，哈哈，唠唠叨叨讲了这么多，有点乱，很喜欢我家，也很喜欢看别人写的贴子，今天外面在下雨，非常冷，一上班就不想做事，随心敲下这些文字，算是给自己一点信心和希望。

昵称：调酒师

年龄：27 岁

职业：国企职员

薪水：月薪 4500 元 额外收入 7600 元 / 月

专家点评

能看得出来，在高富帅遍地的社会里，这位朋友还是“屌丝”一枚。可现如这社会，缺的正是这种“屌丝精神”。

看这位朋友的收入构成，如果是和同龄人“正当竞争”，你俨然已经步入了中产阶层，而且还略有盈余。不过不要高兴得太早，你可以将资产再深入细分，甚至有必要“二次分化”。我的建议如下：

每月从 1 万元里拿出 1/3 用于投资，至于投资什么，我想不用我说作者应该心知肚明吧；再拿出 1/3 作为固定理财。这样一多半的钱有了着落，而且每月收入固定，基本不会亏本。

凭着作者的抠门精神，以往花在交际方面的钱应该不会很多。所以建议你可以今后适当做些这方面的投入。其实细算下来这绝不能算是入不敷出的投入，长期坚持下来一定收入多多。不妨举个例子给你，在剩下的 1/3 收入里，不要放银行搞什么零存整取，全部花掉，但不要自己花，而是把这些钱用来交际，请朋友、朋友的朋友，从交际中获得新的商机与财路。另外，作者不是还没有女朋友吗？可以适当多往这方面投资一些，找个白富美也不是什么难事。

图书在版编目（CIP）数据

白领理财日记之玩转钱规则 / MSN理财 主编. —北京：东方出版社，2012.10
ISBN 978-7-5060-5540-6

Ⅰ.①白… Ⅱ.①M… Ⅲ.①财务管理—通俗读物 Ⅳ.①TS976.15-49

中国版本图书馆CIP数据核字（2012）第247105号

白领理财日记之玩转钱规则
（BAILING LICAI RIJI ZHI WANZHUAN QIANGUIZE）

主　　编：MSN理财
责任编辑：孙秀丽
出　　版：东方出版社
发　　行：人民东方出版传媒有限公司
地　　址：北京市东城区朝阳门内大街166号
邮政编码：100706
印　　刷：北京鹏润伟业印刷有限公司
版　　次：2012年12月第1版
印　　次：2012年12月第1次印刷
印　　数：1—6 000册
开　　本：700毫米×920毫米　1/16
印　　张：15.5
字　　数：202千字
书　　号：ISBN 978-7-5060-5540-6
定　　价：36.00元
发行电话：（010）65210059　65210060　65210062　65210063